오늘
이 계절을
사랑해!

오늘
이 계절을
사랑해!

'후암동삼층집'이 제안하는
지금 꼭 먹어야 하는
제철 요리

진민섭 지음·세탁선 사진

;

프롤로그

일 년에 네 번, 계절은 누구에게나 똑같이 돌아옵니다. 그러나 알고 있나요? 지금 이 계절은 한 번뿐이라는 것을요. 작년의 봄은 올해의 봄과 다르고, 올해의 여름은 내년의 여름과 같지 않습니다. 작년의 내가 지금의 내가 아닌 것처럼 말이죠. 한 번뿐인 이 계절을 더 선명하게 기억하는 법은 무엇일까요? 그건 바로 요리라고 믿습니다. 봄의 새싹, 여름의 뜨거운 태양, 가을의 높은 하늘, 겨울이 찾아오는 것을 알리는 차가운 냄새. 우리는 요리를 통해 그 감각을 더 선명하게 느낄 수 있습니다. 계절의 작물들은 그 계절을 닮아 있습니다. 겨우내 추위를 이겨내고 따뜻한 기운에 움튼 봄의 나물들. 그 푸릇푸릇한 향기에, 저 또한 잠에서 깨는 기분입니다. 여름의 과일은 유독 반짝입니다. 온몸으로 뙤약볕을 견뎌낸 터일 거예요. 가을은 땅 밑에서 단단히 힘을 비축해온 뿌리채소의 계절입니다. 겨울엔 생선에 한껏 기름이 오릅니다. 가장 맛있을 계절의 재료를 요리해봅시다. 계절이 안고 온 제철 작물을 온몸으로 맞이해보는 거예요. 벌써부터 군침이 돌지 않나요? 계절의 재료는 그 자체로 이미 가장 맛있는 맛을 머금고 있기에 간단한 조리만으로도 근사한 맛을 낼 수 있습니다. 조금 욕심을 부려 계절에 맞는 조리법을 더해보는 것이 좋아요. 봄엔 살랑살랑 봄바람과 함께하는 도시락을 싸보고, 여름엔 시원한 샐러드, 가을과 겨울엔 따뜻한 수프를 끓여보는 거예요. 앞으로 계절을 이렇게 기억해보면 어떨까요? 봄은 딸기, 여름은 초당옥수수, 가을은 무화과, 그리고 겨울은 시금치. 이렇게 선명해진 시절이 모여 우리 삶의 해상도가 높아질 것입니다.

“계절의 맛을 따라가다 보면 한 해가 지루할 틈이 없다.”

이 책은 ‘후암동삼층집’에서 한 해 동안 계절을 선명하게 따라온 기록입니다. 여러분의 주방 한편에서도 이 책이 계절을 따라가는 기쁨의 여정에 도움이 되기를 진심으로 바랍니다.

차례

봄

여름

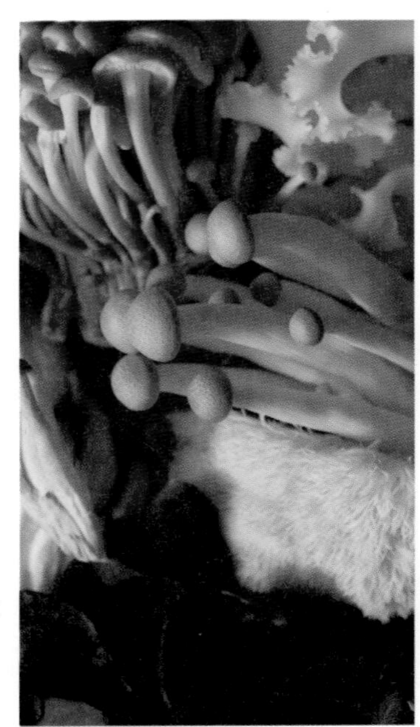

가을

겨울

계절을 저장하는 방법

요리하기 전, 준비할 것이 있나요?

"양념은 줄이고 재료의 맛을 살렸습니다."
이 책에서 사용한 레시피는 대부분 기본적인 장류, 식초류, 기름류로 조리가 가능합니다. 재료가 주인공이기 때문이지요. 재료 본연의 맛을 최대한 살릴 수 있도록 자극적인 조미료는 최소화했습니다.

주로 사용한 양념류

- **장류** **국간장, 진간장** – 맛의 기본이 되는 장류입니다. 음식의 색깔이 중요하고 깔끔한 맛을 내고 싶은 레시피에는 국간장을 사용했고, 진하고 깊은 맛이 필요한 레시피에는 진간장을 사용했어요.

- **식초류** **양조식초** – 별도의 표기가 없으면 모두 양조식초를 사용하면 됩니다.
  발사믹 식초 – 포도를 발효하여 만든 진득한 텍스처의 검은색 식초입니다. 진한 풍미를 느낄 수 있어요. 발사믹 식초가 필요한 레시피는 꼭 발사믹 식초를 사용하세요.
  화이트 와인 식초 – 과일을 발효시킨 식초입니다. 만약에 없다면 양조식초나 레몬즙으로 대체 가능합니다.

- **기름류** **올리브유, 식용유** – 주로 양식엔 올리브유, 한식엔 식용유(콩기름, 카놀라유 등)를 사용했습니다. 올리브유는 특유의 향이 있으니 식용유를 사용하는 레시피에는 대체하여 사용하지 않는 것이 좋습니다.

- **버터** 무염버터를 기본으로 사용했습니다. 가염버터를 사용할 경우, 소금의 양을 조절해주세요.

- **기본적인 조미료** 소금, 후추

- **맛의 풍미와 단맛을 올려주는 재료들** 치즈류, 꿀, 올리고당

MAILLE
Vinaigre de Vin Blanc
White Wine Vinegar
샘표
701
LEONARDI
1871
Condimento Balsamico
Bianco
ITALY
Medi
Sanus Virens
Condimento Balsamico
FINE
Fine Balsamic
Condiment
PREMIUM SELECTION
Made in Italy
오뚜기
양조식초
OTTOGI VINEGAR
청정원
CANNAMELA
Pepe
Nero
TAPPO MACINA
CANNAMELA
Sale
Blu
di Persia
TAPPO MACINA

주로 사용한 도구

- **필러** - 껍질을 깎거나 재료를 손질하기 위한 기본적인 도구입니다.
- **그레이터** - 풍미를 올려주는 치즈를 가는 도구입니다.
- **계량스푼** - 1큰술, 1작은술을 정확하게 계량할 수 있는 도구입니다.
- **계량컵** - 1컵을 정확하게 계량할 수 있어요. 라면을 끓일 때도 사용 가능하니 집에 하나 정도는 구비하는 것도 좋아요.
- **냄비와 프라이팬** - 레시피에 들어가는 재료의 양을 가늠하여 적절한 크기의 냄비와 프라이팬을 준비해주세요. 이 책에서는 주로 지름 20cm 냄비와 20cm, 24cm 프라이팬을 사용했습니다.

계량 방법에 대하여

- 1큰술=15ml입니다. 계량스푼이 없다면, 보통 밥숟가락의 경우 그대로 1숟갈, 얕은 밥숟가락의 경우 넉넉히 1숟갈을 사용하세요.
- 1작은술=5ml입니다. 계량스푼이 없다면, 티스푼을 이용하세요.
- 액체류의 경우, 1컵의 용량은 200ml를 기준으로 삼았습니다.

사용한 기구의 자세한 정보

- 사용한 전자레인지의 출력은 700W입니다. 높은 출력의 경우 레시피의 시간보다 짧게, 낮은 출력의 경우 레시피의 시간보다 길게 전자레인지를 사용해주세요.
- 우녹스 XF135 컨벡션 오븐을 사용했습니다. 가정용 소형 오븐의 경우 레시피의 온도보다 10~20도 더 높이거나, 10분 더 조리해주세요.

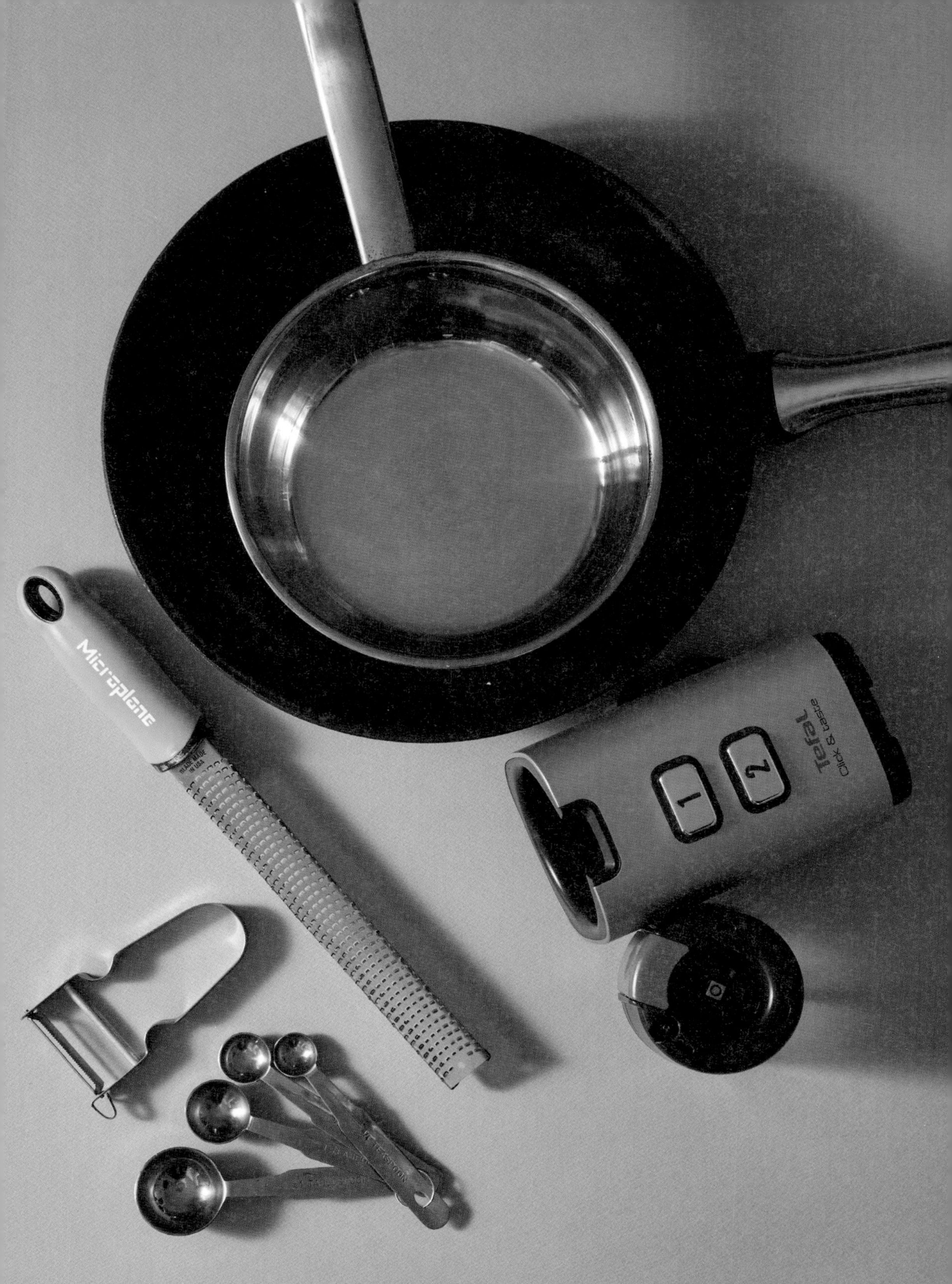
Microplane
Tefal
Click & taste
1
2

제철 식재료를 구할 수 있는 곳

온라인

- **퍼밀** - 전국 각지의 음식을 찾아 큐레이션하는 스페셜티 푸드 플랫폼입니다.
  좋은 생산자들을 찾아 계절에 맞는 다양한 품종을 소개하고 있어요.

- **베지랩 (채소생활)** - "채소가 지닌 매력과 신비, 재미와 의미, 멋과 맛에 대한 탐구"를 하는
  채소 연구소. 주로 어떤 제철 채소가 있는지 구경하고 구매할 때 참고하기 좋아요.

- **집반찬연구소** - 프리미엄 반찬 배송 서비스입니다. 식재료를 판매하는 곳은 아니지만,
  계절에 맞는 반찬들을 매번 개발하고 있어서 눈여겨보는 사이트예요. 봄이면 봄나물을 이용한
  레시피, 여름이면 여름 과일을 이용한 레시피 등을 선보여요.

- **어글리어스** - 완벽한 외형이 아니라는 이유로 버려지는 농산물을 '구출'하는 곳이에요.
  "못생겨도 맛있다, 친환경 못난이 채소 박스"라는 캐치프레이즈를 내세우고 있죠.
  구독형 서비스로 약 2주에 한 번씩 버려질 위기에 처한 농산물을 집으로 받아볼 수 있는데요.
  사시사철 먹을 수 있는 채소도 물론 있지만, 그 시기의 농작물을 주로 보내주기 때문에 제철
  채소를 받아보는 기쁨도 커요.

- **식재료 마켓 플랫폼** - 마켓컬리, 쿠팡프레시, 현대식품관, 오아시스마켓, SSG에서도
  '제철 식재료' 큐레이션이 잘되고 있는 편이에요. 검색창에 [제철]을 입력해보세요.
  현대식품관과 마켓컬리는 제철 재료에 관련된 매거진을 운영할 정도로 적극적이고,
  다른 플랫폼들도 제철 재료가 잘 정리되어 있답니다.

오프라인

- **마르쉐@** - 2012년 대학로에서 처음 시작한 농부와 요리사, 수공예가가 모이는 작은 시장이에요. 농부시장과 채소시장으로 나뉘며, 혜화, 여의도, 서교, 인사동 등에서 정기적·비정기적으로 시장이 열립니다. 이곳의 매력은 농부님들을 직접 만나 직접 재배한 노지 작물을 합리적인 가격에 구입할 수 있다는 점입니다. 마트에서는 만날 수 없는 품종의 작물과 대량 시설 재배로는 맛볼 수 없는 맛과 영양을 느낄 수 있죠. 인스타그램 @marchefriends에 공지되는 일정을 확인하고, 계절의 재료를 꼭 만끽해보세요.

- **경동시장** - 서울 제기동에 위치한 경동시장은 한약재 시장으로 널리 알려져 있지만, 보석 같은 진가는 따로 있어요. 예전에 파인다이닝 레스토랑에서 근무하던 시절, 식재료가 급히 떨어졌을 때 찾아가던 곳이 바로 경동시장입니다. 셰프님은 경동시장에 가면 무엇이든지 구할 수 있다고 하셨죠. 특히 짧게 나왔다 들어가는 봄나물들을 쉽게 구할 수 있어 봄이 오면 한번씩 찾아가는 리추얼이 되었습니다.

- **청량리 청과물시장** - 청량리에 위치한 청과물시장은 서울 시내에서 농산물을 가장 싸게 파는 시장으로 유명합니다. 특히 달콤한 과일이 지천에 널린 여름에 청량리 시장의 진가가 발휘됩니다. 쉽게 무르는 산딸기나 오미자 같은 과일도 이곳에선 아주 신선한 것으로 구할 수 있어요. 수입 열대과일까지 쉽게 찾아볼 수 있어서 과일 러버들의 성지라고 할 수 있습니다.

- **집 앞 슈퍼** - '계절을 가장 잘 느낄 수 있는 곳'이 어딘지 질문을 받는다면 저는 늘 '집 앞 슈퍼'라고 대답합니다. 출퇴근하거나 동네를 산책할 때 습관처럼 동네 마트에 들러 새로 나온 식재료들을 늘 유심히 살펴요. 지난주까지만 해도 모든 매대가 딸기로 채워져 있었는데, 점점 가격이 저렴해지더니 어느 순간 참외로 바뀐다든지… 계절의 변화를 가장 잘 느낄 수 있는 곳입니다. 이 흐름을 느끼기 시작한다면, 일상 속 무의미하고 평범하던 길거리도 재미있고 호기심을 불러일으키는 것들로 가득해질 거예요.

대봉
장성 대봉
서귀포 감귤
(곡성)
대봉
(1Box)
(5kg)
₩20,000
14,000
대봉
(1Box)
귤
(1봉)
5,000
(2봉)
8,000

연간 계절도감

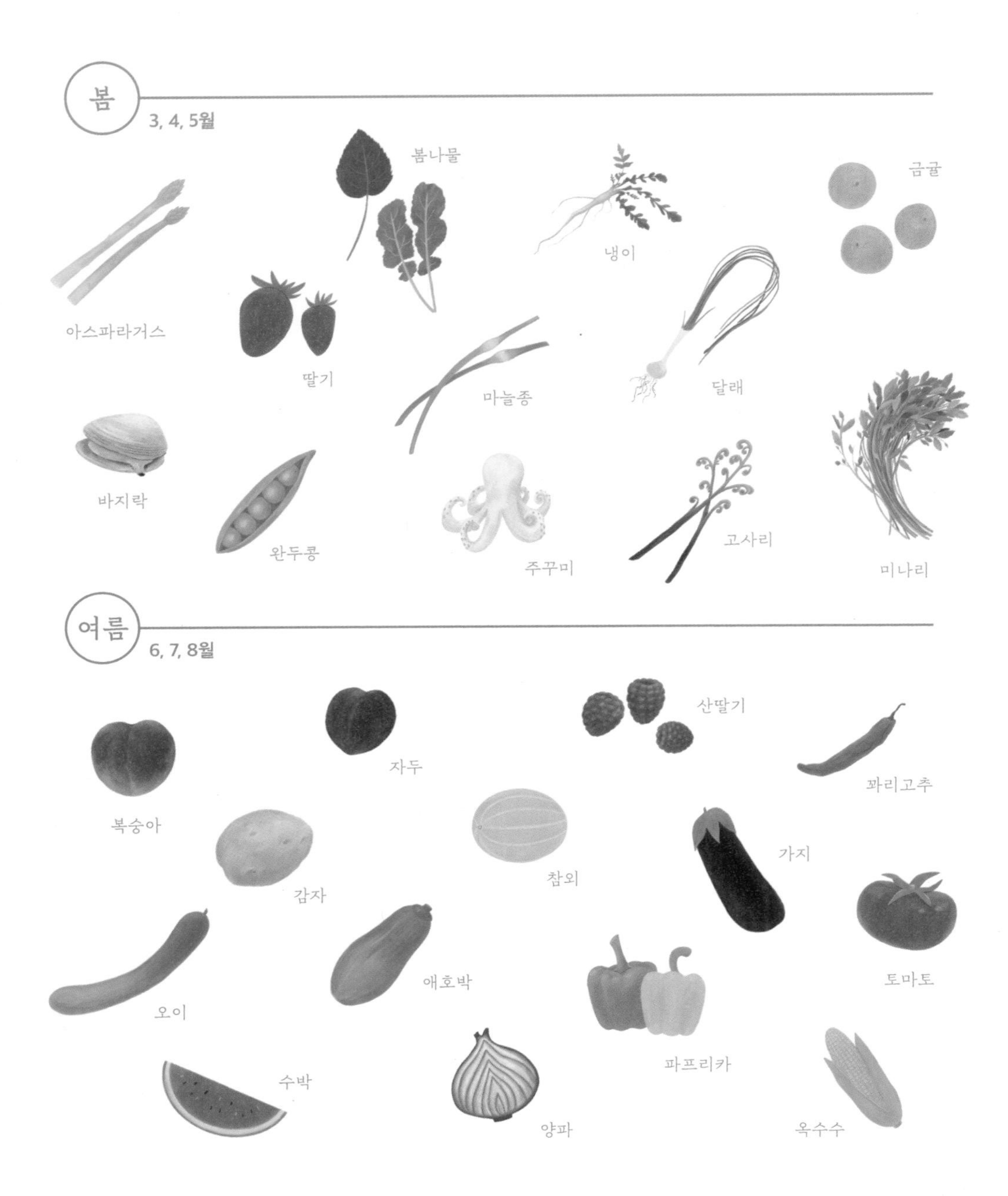

봄
3, 4, 5월
봄나물
냉이
금귤
아스파라거스
딸기
마늘종
달래
바지락
완두콩
주꾸미
고사리
미나리
여름
6, 7, 8월
산딸기
자두
꽈리고추
복숭아
참외
가지
감자
토마토
애호박
오이
파프리카
수박
양파
옥수수

우리가 따라갈 계절의 맛은 무엇인지 한번 살펴볼까요?
지금 이 책을 펼친 당신의 계절은 무엇인가요?

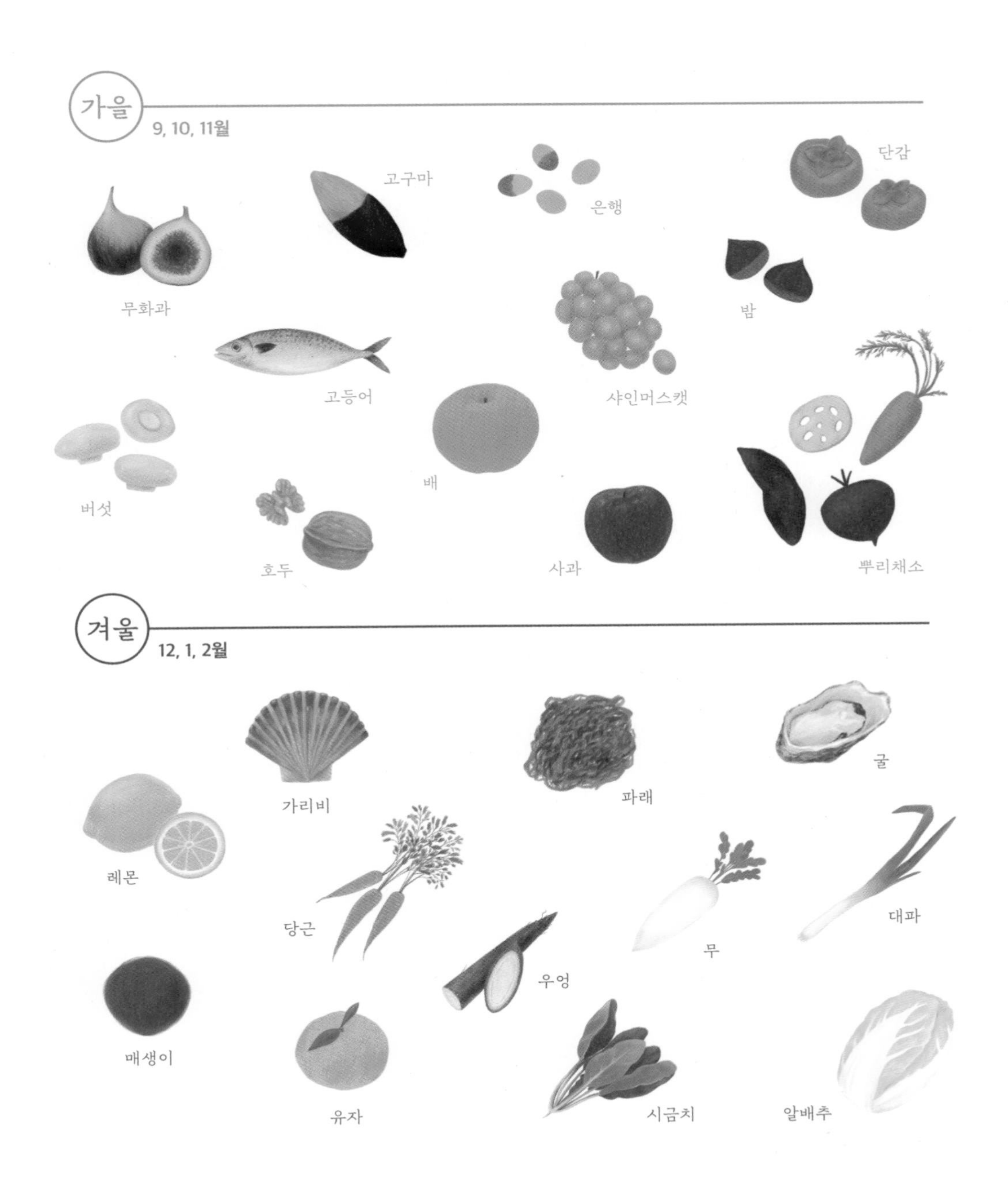

이 책의 활용법 ①

요리에 사용한 제철 재료를 먼저
만나보세요. 감각적이면서도 정교한
사진은 식재료를 마치 미술작품처럼
감상할 수 있도록 해줍니다.

평소에 무심히 다듬고 조리하기만 했던
식재료들의 구석구석을 밀착 포착했어요.
그동안 보지 못했던 새로운 매력을
발견해보세요.

마늘종

garlic scapes

마늘의 꽃대

3~5월

각 식재료마다 가장 맛있을 제철의
시기를 그래프로 표기해 직관적으로
파악할 수 있게 했습니다.

마늘종은 마늘꽃이 피는 꽃대를 말해요. 마늘만큼 알싸하지만 마늘 특유의 향은 덜한 것이 특징이에요. 마늘 농가에서는 골칫거리로 여겨지기도 하는데, 너무 많이 자라면 영양분이 모두 마늘종으로 몰리기 때문이에요. 마늘종은 색이 푸르고 진한 것을 골라주세요. 누런빛이 돌수록 질기답니다.

048 049

재료의 특성과 신선한 것을
고르는 팁, 그리고 조리 방법 혹은
보관 방법에 대해 알려드립니다.

이 책의 활용법 ②

완성된 요리를
사진으로 먼저 만나보세요.

계절의 맛을 따라가다 보면,
의식하지 않아도 자연스럽게
채식 생활을 하게 됩니다.
비건-락토 오보-페스코 3단계로
구분해 표기했어요.

- **비건 Vegan** 동물성 재료 없이 계절 재료로 만든 비건 메뉴.
  * 꿀을 사용한 레시피의 경우, 완전한 비건식을 원한다면 메이플 시럽 혹은 올리고당 등으로 대체해주세요.
- **락토 오보 Lacto Ovo** 동물의 고기는 먹지 않으나 우유 제품과 달걀은 허용.
- **페스코 Pesco** 육류와 조류를 제한하고 생선 등의 해산물은 허용.

반찬처럼 자꾸 집어 먹게 되는

마늘종 새우 펜네

사용한 제철
재료를 앙증맞은
일러스트로 한 번
더 강조했어요.

페스코

식사와 반찬 사이 그 어딘가, 자꾸 집어 먹고 싶은 맛! 마늘종은 아무래도 건새우와 함께 볶아 먹는 게 가장 맛있죠. 여기에 간장 양념을 더해 쇼트 파스타까지 함께 볶으면 밥이 필요 없는 한 끼 식사가 금방 완성된답니다. 마늘종과 모양이 비슷한 펜네를 사용했어요.

알고 먹으면 더 맛있는 요리에 대한 설명을
읽어보세요. 레시피를 만들게 된 배경과
곁들이면 좋을 음료 등을 함께 소개합니다.

2인분

마늘종 100g
펜네 100g*
건새우 20g
국간장 1작은술
소금 1/2작은술
올리고당 1작은술
다진 마늘 1큰술
올리브유 1큰술
후추 약간
깨소금 약간

*
펜네 대신 쇼트 파스타
어떤 것이든 상관없어요!

1 펜네를 끓는 물에 삶아 체에 밭쳐둔다.
   * 바닷물의 염도 수준으로 소금을 넣고, 익히는 시간은 파스타 포장지 겉면을 참고해주세요. 면수는 버리지 말고 두세요.
2 마늘종은 흐르는 물에 잘 씻어 물기를 제거하고, 약 3cm 길이로 자른다.
   * 펜네 길이에 맞춰 자르면 보기 좋아요.
3 올리브유를 팬에 두른 후, 다진 마늘을 넣어 향을 낸다. 마늘이 노릇해지기 전에 마늘종을 넣어 함께 볶는다.
4 마늘종이 약간 노릇노릇해졌으면 건새우를 넣고 함께 볶는다.
5 새우의 색이 진해졌을 때 삶아둔 파스타를 넣는다.
6 국간장, 소금, 올리고당을 넣고 함께 볶아서 마무리한다.
   * 면수를 적당히 추가하여 너무 달라붙지 않도록 해주세요.
7 그릇에 옮겨 담고 후추와 깨소금을 뿌려 낸다.

요리할 때 참고하면 좋은 팁도
친절하게 정리했어요.

050 051

요리 전 필요한 재료를 먼저
체크해보세요. 완성했을 때의
분량도 함께 적어두었으니,
참고하세요.

봄

SPRING

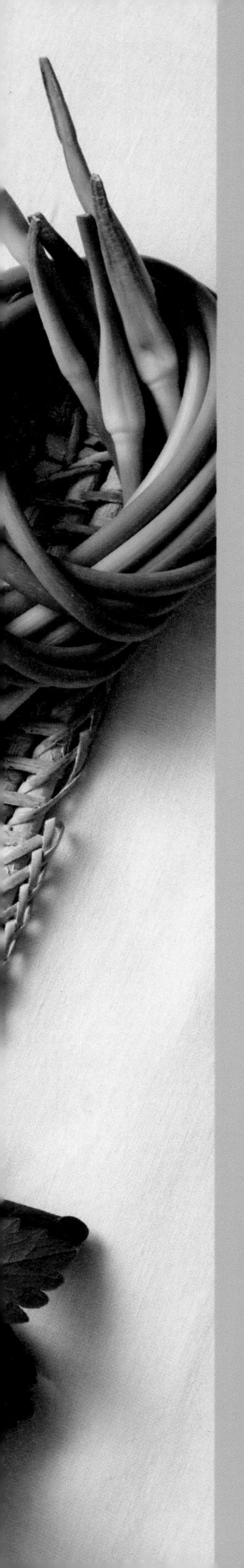

기다리던 따스한 햇살이 내립니다. 마침내, 봄이 옵니다.
차가웠던 겨울이 끝나고 꽃이 일제히 피기 시작하는 봄,
마치 기다리고 있던 것처럼 싱그러운 초록들이 고개를
내밉니다. 예부터 봄나물을 먹어야 진짜 봄이 온다고 했는데,
봄을 요리하는 손이 바빠질 수밖에요.
봄에만 만날 수 있는 재료는 단연 봄나물이에요.
3월에서 4월, 귀하디귀한 봄나물이 넘쳐납니다.
냉이, 달래, 두릅, 쑥… 쌉싸래한 봄나물의 향과 맛으로
잠들어 있던 미각을 깨워볼까요? 지금이 아니면 느끼지 못할
땅의 생명력을 즐겨봅시다.

입춘立春	계절의 시작, 봄에 들어서는 날.
우수雨水	내리던 눈이 그치고 비가 옵니다.
경칩驚蟄	벌레들이 깨어나고 겨울잠을 자던 개구리가 땅 밖으로 나오는 날.
춘분春分	둘로 나눈 봄의 한가운데. 밤과 낮의 길이가 같습니다.
청명淸明	맑고도 밝은, 그야말로 화사한 봄을 알리는 날.
곡우穀雨	촉촉하게 내리는 봄비를 맞으며 새싹이 움틉니다.

완두콩

pea

껍질째 삶아 알을 쏙쏙

4~6월

완두콩은 깍지를 벗기면 신선도가 떨어지기 때문에 제철에
껍질째 판매하는 껍질 완두콩을 구매하는 것이 좋아요.
콩을 까는 게 어려울 거라고 오해하는 분들이 많은데,
삶고 분리하는 작업은 생각보다 복잡하지 않답니다. 완전히
익을 때까지 삶지 않으면 풋내가 날 수 있으니 주의하세요.

햇완두콩이니까

완두콩 후무스

비건

후무스는 병아리콩을 갈아 만드는 스프레드로, 중동에서 주로 먹는 음식이에요. 평소에는 통조림 병아리콩을 구매해 만들어 먹는 것을 즐기지만, 봄과 여름 사이 동글동글 햇완두콩이 나오는 계절에는 종종 직접 완두콩을 삶아 만들어 먹는답니다. 통조림보다 자연의 기운이 가득한 재료로 만들어 건강한 것은 물론, 살짝 달착지근한 완두콩 덕분에 원조 후무스보다 훨씬 맛이 좋아요.

4인분

껍질 완두콩 500g
마늘 2쪽
레몬즙 2큰술
소금 1/2작은술
참깨 1큰술
큐민 가루 1작은술*
올리브유 10큰술

* 큐민 가루가 없다면 카레 가루를 사용해주세요.

1 바닷물보다 약간 짠 염도(4%)의 소금물을 만든다.
   * 물 1L당 소금 40g을 넣어 만들어요.

2 소금물을 냄비에 붓고 끓기 시작하면 껍질이 붙어 있는 완두콩을 6분간 삶아 건진다.

3 한소끔 식힌 후, 완두콩을 껍질과 분리하여 알맹이만 모은다.
   * 가니시용으로 따로 몇 알 보관해두어요.

4 믹서기에 완두콩, 꼭지 제거한 마늘, 레몬즙, 소금, 참깨, 큐민 가루, 올리브유를 넣고 간다.
   * 처음부터 한꺼번에 다 넣으면 잘 갈리지 않을 수 있으므로 먼저 완두콩을 절반만 넣고 조금씩 추가하세요.

5 후무스를 접시에 담고 올리브유를 살짝 뿌리고, 보관해둔 완두콩 알을 올려서 마무리한다.

냉이

입안에 봄내음 가득

shepherd's purse

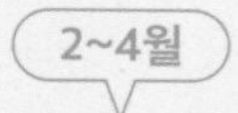

좋은 냉이를 고르는 법은 뿌리를 확인하는 것입니다. 뿌리가 누르스름한 것은 오래된 것이니 뿌리가 곧고 하얀 것을 고르세요. 냉이의 떫은맛이 부담스러운 분들은 조리하기 전, 소금물에 한 번 데쳐서 사용하세요. 한결 맛이 부드러워집니다.

냉이의 색다른 변주

냉이 된장 리소토

락토 오보

봄이면 가장 먼저 생각나는 냉이. 냉이 하면 생각나는 조리법은 역시 향긋하고 구수한 냉이 된장찌개죠. 하지만 된장찌개가 지루해졌다면, 된장 리소토를 만들어보는 건 어때요? 된장과 리소토라니, 위화감이 들기는커녕 냉이가 전해주는 새로운 매력에 놀라게 될 거예요.
올리브유에 볶은 냉이는 깊은 감칠맛을 내 마치 해산물을 넣은 것 같은 풍미가 느껴진답니다.

1인분

냉이 50g
밥 1공기
생크림 1컵
미림 1작은술
된장 1큰술*
양파 1/4개
다진 마늘 1큰술
페퍼론치노 3개
소금 약간
올리브유 1큰술
후추 약간

*
집된장을 사용하면 좋지만 없으면 시판 찌개된장을 사용하는 것도 괜찮습니다.

1 냉이는 뿌리에 묻은 흙과 잔털을 칼로 긁어낸 후, 흐르는 물에 씻어 손질한다. 길고 질긴 냉이는 반으로 자르고, 작은 것은 그대로 사용한다.
2 양파는 5mm 크기로 잘게 잘라 준비한다.
3 팬에 올리브유를 두르고 다진 마늘과 양파를 넣어 볶다가 페퍼론치노를 부수어 넣는다.
4 마늘과 양파 색이 노릇노릇해지면 냉이를 넣어 숨이 죽을 때까지 볶는다.
5 냉이의 숨이 죽으면 생크림, 미림, 된장을 넣고 잘 풀어준다.
 * 된장은 숟가락 두 개를 이용해서 개듯이 넣으면 뭉치는 것 없이 잘 풀려요.
6 생크림이 보글보글 끓으면 밥을 넣고, 뭉치는 것 없이 잘 풀어지도록 저으면서 약 2분간 끓인다.
7 맛을 보면서 소금으로 간을 하고, 후추를 뿌려 마무리한다.

주꾸미

봄의 전령사

webfoot octopus

봄 주꾸미는 5월 산란기를 앞두고 알이 가득 차 고소한 맛이 가득하다고 알려져 있지만, 가을 주꾸미가 더 부드럽다고 하는 사람들도 있어요. 주꾸미는 오래 익힐수록 질겨지기 때문에 익히는 시간을 최소화하는 것이 좋답니다.

뽈뽀 부럽지 않은

지중해풍 주꾸미 샐러드

페스코

알이 꽉 찬 주꾸미를 색다르게 먹어볼 수는 없을까? 이탈리안 레스토랑에 가면 자주 볼 수 있는 문어 감자 샐러드, 뽈뽀를 주꾸미 버전으로 만들어보았어요. 그동안 문어를 다루기 부담스러웠다면, 구하기도 쉽고 조리도 간단한 주꾸미를 활용해보세요.

2인분

주꾸미 300g (5마리)
방울토마토 10알
셀러리 1/2대
감자 1/2개
소금 적당량*
올리브유 1큰술
그라나파다노 치즈 적당량

*
주꾸미를 데칠 물에 필요해요.

드레싱

다진 마늘 2작은술
올리브유 2큰술
레몬즙 1큰술
후추 약간
소금 1꼬집

1 주꾸미 내장을 제거한다.
2 주꾸미가 충분히 잠길 만큼의 물에 소금을 넣고 끓인다. 물이 끓으면 주꾸미의 다리 부분만 3초간 넣었다 뺐다를 두 번 반복 후 통째로 넣어 1분간 데친다.
3 감자는 사방 2cm 크기로 깍둑썰기하여 끓는 소금물에서 3분간 삶는다.
4 프라이팬에 올리브유를 두른 후, 데친 주꾸미와 익힌 감자를 넣어 겉면이 노릇해질 정도로만 굽는다.
5 셀러리는 껍질을 벗기고 2cm 길이로 자른다.
6 방울토마토는 절반으로 자른다.
7 드레싱 재료를 모두 섞는다.
8 주꾸미, 감자, 방울토마토, 셀러리를 모두 7에 버무린 후 접시에 담고 그라나파다노 치즈를 뿌려서 마무리한다.

아스파라거스

한입 베어 물면 채즙이 가득

asparagus

숙취 해소에 좋다는 '아스파라긴산'의 어원이 아스파라거스인 것 알고 계셨나요? 1800년대 초 프랑스 화학자가 아스파라거스에서 처음 발견하여 '아스파라긴산'이라는 이름이 붙었다고 해요. 아스파라거스에는 콩나물의 무려 1,000배가량 되는 아스파라긴산이 들어 있다고 하니, 이제부턴 술 마신 다음 날엔 무조건 아스파라거스를 먹어야겠네요.

더 이상 스테이크 옆 조연이 아닌

아스파라거스 레몬 구이

락토 오보

아스파라거스를 스테이크를 장식하는 가니시 정도로만 알고 있는 사람들을 만나면, 봄에 나는 제철 아스파라거스를 먹어보지 못해서 그런 거라고 알려줍니다. 손가락만큼이나 굵은 제철 아스파라거스는 그 자체로 채즙을 가득 머금은 주연이라 할 수 있기 때문이지요. 산뜻한 아스파라거스를 레몬에 절여 스테이크처럼 굽고 치즈와 곁들여보세요. 더 이상 고기가 필요 없답니다.

2인분

아스파라거스 8개
레몬 1개
다진 마늘 1작은술
꿀 1큰술
올리브유 2큰술
소금 1/2작은술
후추 1꼬집
부라타 치즈 1개
올리브유 적당량

1 아스파라거스는 흐르는 물에 깨끗이 씻고, 뿌리 쪽 딱딱한 부분(약 2cm)은 자른다. 높이의 중간 부분부터 아래쪽은 필러로 껍질을 깎는다.
* 껍질을 깎지 않으면 질길 수 있어요.
2 레몬은 즙을 내어 준비하고, 다진 마늘, 꿀, 올리브유와 섞어 팬에 담은 후, 아스파라거스를 30분간 재워둔다.
3 아스파라거스가 들어갈 만큼 넓은 프라이팬에 재워둔 아스파라거스를 레몬즙 용액과 함께 그대로 붓는다.
4 중불에 졸이듯이 5분간 굽는다.
5 접시에 아스파라거스를 옮기고 부라타 치즈와 함께 낸다.
* 다른 종류의 치즈도 물론 좋아요!
6 위에 올리브유를 적당량, 소금과 후추를 뿌리고, 그레이터로 레몬 껍질을 갈아서 올려 마무리한다.

마늘종

마늘의 꽃대

garlic scapes

3~5월

마늘종은 마늘꽃이 피는 꽃대를 말해요. 마늘만큼 알싸하지만 마늘 특유의 향은 덜한 것이 특징이에요. 마늘 농가에서는 골칫거리로 여겨지기도 하는데, 너무 많이 자라면 영양분이 모두 마늘종으로 몰리기 때문이에요. 마늘종은 색이 푸르고 진한 것을 골라주세요. 누런빛이 돌수록 질기답니다.

반찬처럼 자꾸 집어 먹게 되는

마늘종 새우 펜네

페스코

식사와 반찬 사이 그 어딘가, 자꾸 집어 먹고 싶은 맛! 마늘종은 아무래도 건새우와 함께 볶아 먹는 게 가장 맛있죠. 여기에 간장 양념을 더해 쇼트 파스타까지 함께 볶으면 밥이 필요 없는 한 끼 식사가 금방 완성된답니다. 마늘종과 모양이 비슷한 펜네를 사용했어요.

2인분

마늘종 100g
펜네 100g*
건새우 20g
국간장 1작은술
소금 1/2작은술
올리고당 1작은술
다진 마늘 1큰술
올리브유 1큰술
후추 약간
깨소금 약간

*
펜네 대신 쇼트 파스타 어떤 것이든 상관없어요!

1 펜네를 끓는 물에 삶아 체에 밭쳐둔다.
  * 바닷물의 염도 수준으로 소금을 넣고, 익히는 시간은 파스타 포장지 겉면을 참고해주세요. 면수는 버리지 말고 두세요.
2 마늘종은 흐르는 물에 잘 씻어 물기를 제거하고, 약 3cm 길이로 자른다.
  * 펜네 길이에 맞춰 자르면 보기 좋아요.
3 올리브유를 팬에 두른 후, 다진 마늘을 넣어 향을 낸다. 마늘이 노릇해지기 전에 마늘종을 넣어 함께 볶는다.
4 마늘종이 약간 노릇노릇해졌으면 건새우를 넣고 함께 볶는다.
5 새우의 색이 진해졌을 때 삶아둔 파스타를 넣는다.
6 국간장, 소금, 올리고당을 넣고 함께 볶아서 마무리한다.
  * 면수를 적당히 추가하여 너무 달라붙지 않도록 해주세요.
7 그릇에 옮겨 담고 후추와 깨소금을 뿌려 낸다.

고사리

fern

초록 빛깔 귀하디귀한

4~5월

고사리는 원래 초록색이에요. 삶고 말리는 과정에서 갈색이 되지만 생고사리는 초록빛을 띤답니다. 고사리는 제주도에서 많이 재배되는데, 그래서인지 제주도에서는 고사리가 돋아나는 시기인 4~5월에 내리는 비를 '고사리 장마'라고 부릅니다.

봄을 알리는 흙냄새

고사리 솥밥

비건

어릴 적엔 축축 늘어진 고사리의 식감을 별로 좋아하지 않았어요. 생고사리를 만나고 나서야 고사리를 좋아하게 되었죠. 이제는 없어서 못 먹는 고사리. 특별한 양념 없이 들기름만으로 고사리 본연의 맛을 즐기는 것을 가장 선호합니다.

2인분

삶은 고사리 150g
쌀 2컵
물 2컵
다진 마늘 1큰술
들기름 약간
국간장 2큰술

1 고사리는 잘 삶아서 준비한다.
   * 56쪽의 생고사리 삶는 법을 참고해주세요.
2 고사리를 5cm 정도 먹기 좋은 길이로 잘라 준비한다.
3 쌀은 30분 이상 불린 후에 체에 밭쳐 물기를 제거한다.
4 밥을 지을 냄비에 들기름을 살짝 두른 후, 다진 마늘을 넣어 볶아 향을 낸다. 잘라둔 고사리를 넣고 살짝 더 볶은 후에 따로 보관해둔다.
5 고사리를 볶은 냄비에 바로 불린 쌀과 물, 국간장을 넣는다. 쌀 위에 볶아둔 고사리를 얹는다. 중불로 끓이다가 물이 끓기 시작하면 뚜껑을 닫고 약불로 조리한다.
6 15분 후에 불을 끄고 10분간 뜸 들인다.
7 들기름을 1큰술 더 넣고 잘 섞어서 마무리한다.
   * 간을 보고 부족하면 국간장 또는 소금을 조금씩 넣으면서 기호에 맞추세요.

생고사리 삶는 법

1 고사리를 잘 손질해 잎 부분, 뿌리 부분을 정렬한다.

* 연한 잎 부분과 억센 뿌리 부분은 익는 속도가 다르기 때문이에요.

2 끓는 물에 뿌리 부분부터 냄비에 넣는다. 약 1분 후에 잎 부분까지 넣는다.

3 익는 모습을 확인하며 5분간 삶는다. 뿌리 부분이 팽팽하게 접히는 것이 아니라, 부드럽게 굽어지는 정도가 되면 완성이다.

4 삶은 고사리는 찬물에 잘 씻은 다음 24시간 담가두어 남은 독을 제거한다. 중간에 최소 1회 물을 갈아준다.

바지락

나른한 봄철 피로를 풀어주는

manila clam

바지락은 조개 종류 중 가장 시원한 맛을 낸다고 알려져 있어요. 그래서 국물요리에 많이 사용됩니다. 바지락은 오래 가열하면 질겨지기 때문에, 껍데기가 열리면 즉시 가열을 멈추는 게 좋아요.

STAUB

혀끝에 감도는 달콤쌉싸래함

미나리 페스토 바지락 찜

페스코

개나리 필 때 맛이 절정에 이른다는 바지락. 봄의 기운을 가득 머금어 달달한 바지락과 향긋한 미나리가 어우러져 국물까지 싹싹 비우게 되는 메뉴입니다. 넉넉히 만들어 소면이나 파스타를 곁들여 먹기에도 제격이지요.

2인분

A 미나리 페스토
미나리 50g
꿀 2큰술
레몬즙 1작은술
마늘 1쪽
올리브유 8큰술

B 바지락 찜
올리브유 1큰술
다진 마늘 1작은술
바지락 500g
청주 6큰술
버터 20g
후추 약간

미나리 페스토

1 미나리를 흐르는 물에 잘 씻은 후, 키친타월로 물기를 완전히 제거한다.

2 A의 재료를 모두 믹서기에 넣어 간다.

바지락 찜

1 올리브유를 두른 팬에 다진 마늘을 넣고 볶는다. 마늘에서 색이 나기 시작하면 해감해둔 바지락을 넣고 살짝 볶는다.
* 62쪽의 바지락 해감하는 법을 참고해주세요.

2 바지락에 청주를 넣고 약 2분간 끓이며 알코올을 날린다.

3 버터를 넣어 풍미를 낸다.

4 바지락의 입이 다 벌어지면 불을 끄고 접시에 옮긴다.

5 미나리 페스토를 바지락 사이사이에 끼얹고, 후추를 뿌려서 마무리한다.

바지락 해감하는 법

1 깨끗한 물에 2~3회 박박 씻는다.

2 물 1L당 소금 2큰술 정도 농도의 소금물에 넣어 2~3시간 냉장고에 둔다.

* 이때 검은 봉지나 포일로 감싸 빛을 완전히 차단하는 것이 더욱 효과적이에요.

3 모래가 나오지 않을 때까지 비벼서 씻는다.

봄나물

spring greens

춘곤증 이기는 데 제격

2~4월

봄이 오면 언 땅이 녹고 기온이 올라가는 것처럼, 우리 몸도
덩달아 체온이 높아지게 돼요. 갑자기 체온이 높아지며 기가
허해지고 노곤함을 쉽게 느끼는 춘곤증을 앓는 사람들이 늘어납니다.
이럴 때 상큼한 봄나물은 잃어버린 입맛을 되살려주는 데
제격이랍니다. 특유의 신맛과 쓴맛 덕분이에요.

삼색나물 오니기리

비건

어깨에 내려앉은 봄바람이 살랑살랑 봄소풍을 부를 때, 향긋한 봄나물로 오니기리를 만들어 떠나보는 건 어떨까요? 돗자리와 도시락통 하나면 완연한 봄을 만끽하기에 충분할 거예요.

각 1개 분량

A 간장 양념
나물 2줌 (30~60g)
밥 1공기
국간장 1/2큰술
다진 마늘 1/2큰술
깨 1/2큰술
참기름 1큰술
*
간장 양념은 나물 본연의 맛을 살리고 감칠맛을 더해줘요. 맛과 색이 진한 진간장보다, 나물과 조화로운 맛을 낼 수 있는 국간장을 넣는 것이 좋아요. 미나리, 참나물, 생으로 먹는 달래 등이 간장 양념과 잘 어울립니다.

B 고추장 양념
나물 2줌 (30~60g)
밥 1공기
고추장 1큰술
다진 마늘 1/2큰술
매실청 1/2큰술
깨 1/2큰술
들기름 1큰술
*
고추장 양념은 약간의 쓴맛, 풋내가 나는 나물들과 궁합이 좋아요. 씀바귀, 머위, 비름나물이나 명이나물을 고추장 양념으로 만들면 좋습니다.

C 된장 양념
나물 2줌 (30~60g)
밥 1공기
집된장 1작은술
다진 마늘 1/2작은술
깨 1/2작은술
참기름 1큰술
*
나물 본연의 맛에 깊은 맛을 더해주는 된장 양념입니다. 집된장 또는 찌개에 사용하는 토장 등 다양한 된장을 사용할 수 있어요. 유채나물, 깻순, 취나물, 방풍나물, 냉이 등이 된장 양념과 잘 어울립니다.

1 나물을 손질하여 끓는 물에 30초~2분 데친다.
2 나물을 양손으로 가볍게 눌러 물기를 짜내고, 어울리는 양념을 골라 분량의 재료를 넣고 양념한다.
3 밥을 넣고 나물을 펴주듯이 잘 섞이도록 버무린다.
  * 잘 섞이지 않으면 참기름 또는 들기름 등을 추가해주세요.
4 손가락을 이용해 삼각형 모양으로 꾹꾹 눌러가며 모양을 잡는다.

연한 나물은 약 30초면 충분하고, 질긴 나물은 최대 2분까지 데쳐야 해요. 뿌리 부분이 두꺼운 나물도 있는데, 이럴 경우 뿌리 부분만 먼저 끓는 물에 넣어서 데치는 시간을 다르게 하면 좋아요. 생으로 먹는 돌나물, 달래 등은 데치지 않아도 괜찮습니다.

미나리

길게 뻗은 봄의 자락

water parsley

미나리는 우리나라 채소 중 드물게 강한 향을 내는 식재료입니다. 당근, 셀러리, 고수, 커민, 딜 등이 미나릿과에 속하죠. 악조건에서도 성장을 멈추지 않는 생명력으로 유명해요. 세운 채로 물에 담가 냉장 보관하면 좀 더 오래 두고 먹을 수 있습니다.

구멍이 송송 이국적인 맛

미나리 글로리

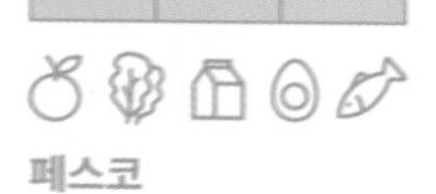

페스코

동남아에 가면 꼭 먹는 음식이 바로 공심채 볶음입니다.
간단한 채소에 특별할 것 없는 양념을 더했을 뿐인데 자꾸만
손이 가지요. 우리나라에선 공심채를 구하기 어려워 비슷하게
생긴 미나리로 만들어보았는데 맛이 꽤나 그럴싸합니다. 오히려
씁쓸하면서 향긋한 향 덕분에 우리 입맛에는 훨씬 더 맛있네요.
봄나물의 성공적인 변신이랍니다.

2인분

미나리 200g
마늘 2쪽
페퍼론치노 3개
굴소스 1작은술
설탕 1/2작은술
피시소스 2작은술*
식용유 2큰술

*
피시소스가 없다면
액젓 종류를
사용해주세요.

1 미나리는 흐르는 물에 씻어 물기를 제거한 후, 약 3등분으로 자른다.
2 마늘은 편으로 썰어 준비한다.
3 식용유를 두른 팬에 마늘을 넣고 페퍼론치노를 부수어 넣은 후 중불에 볶는다.
4 마늘이 노릇해지면 미나리를 넣어 강불에 30초 동안 빠르게 볶는다.
5 미나리의 숨이 죽으면 굴소스, 설탕, 피시소스를 넣고 볶아 마무리한다.

* 빠르게 볶아야 하기 때문에 굴소스, 피시소스는 미리 섞어두는 게 좋아요.

달래

wild chive

톡 쏘는 매운 맛과 향

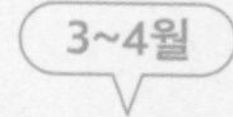

달래는 생으로 먹는 경우가 많으니 세척에 특히 신경을 써주세요. 동그란 알뿌리의 겉껍질을 벗겨내고 수염 중앙에 붙어 있는 흙만 잘 털어내면, 생각보다 손질이 어렵지 않아요. 마르거나 시들지 않은 것, 뿌리에 이물질이 없는 것을 고르면 좋습니다.

빵에도 슥슥, 구이에도 지글지글

달래 버터

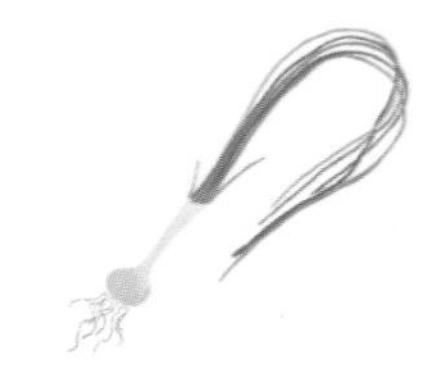

락토 오보

달래는 봄나물로 알려져 있지만, 사실 마늘이나 파의 친구 격인 향신채에 가까워요. 매운 달래 향이 은근히 양식에도 두루두루 어울려요. 버터로 만들어두었다가 빵에 발라 먹으면, 고소한 마늘빵보다 더 맛있죠. 생선을 구울 때에도 일반 버터 대신 사용하면 풍미를 톡톡히 올려줍니다.

달래 10g
버터 100g
소금 1/3작은술

1 버터는 말랑말랑해져 잘 섞일 수 있도록 실온에 1시간 정도 꺼내둔다.
 * 시간이 넉넉하지 않을 땐 버터를 잘라두면 금방 말랑말랑해져요.
2 달래는 깨끗이 씻고 뿌리 부분의 흙을 중심으로 손질한다.
 * 동그란 알뿌리의 겉껍질을 벗겨내고 수염 중앙에 붙어 있는 검은 흙을 털어냅니다. 상태가 좋아 보이지 않으면 뿌리를 통째로 잘라내도 무방해요.
3 잘 손질한 달래는 물기를 제거한 다음, 푸른 잎과 줄기는 약 1cm 길이로 자른다. 흰 알뿌리 부분은 잘게 다진다.
4 달래와 버터를 섞을 수 있을 만큼 충분한 크기의 볼에 버터를 먼저 넣어 스패출러를 이용해 잘 풀어준다.
5 잘라둔 달래와 소금을 넣어 골고루 잘 섞는다.
6 도마 위에 종이포일을 깔고 5의 달래 버터를 올린 후 둥글게 모양을 만들어 감싼다.
7 사탕 모양으로 만들어 보관한다.
 * 냉장실에서 약 2주일, 냉동실에서 2달간 보관 가능해요.

금귤

kumquat

껍질째 새콤하고 달콤한

2~4월

금귤이라는 이름은 못 들어봤어도 '낑깡'은 익숙할지 몰라요. 사실 낑깡은 일본식 표현이고, 우리나라 말로 금귤이라고 한답니다. 껍질까지 한입에 먹을 수 있는 귤이죠. 과육에서는 신맛이 나고 껍질에서는 단맛이 나요. 씨까지 먹어도 상관없답니다.

금귤정과

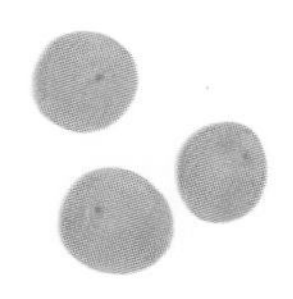

비건

동글동글 귀여운 모양에 한 번, 씹으면 톡 터지는 젤리 같은 식감에 또 한 번 놀라게 될 거예요. 저에게는 매년 빼놓을 수 없는 리추얼이기도 합니다. 봄을 가장 가까이에서 느낄 수 있다고 생각하면 부엌에 서기만 해도 즐거워요.

금귤 500g
설탕 250g
물엿 100g
물 150ml

금귤의 양을 먼저 잰 후에 금귤 10, 설탕 5, 물엿 2, 물 3의 비율이라고 생각하면 쉬워요.

1 금귤은 베이킹소다 등으로 문질러 껍질까지 잘 씻고, 꼭지를 딴다.

2 이쑤시개 혹은 꼭꼬핀을 이용해서 껍질에 구멍을 여러 개 낸다.

* 나중에 시럽이 잘 배게 하기 위한 과정입니다.

3 시럽이 끓어오를 수 있으므로 금귤의 양보다 3배가량 큰 냄비를 준비하고, 금귤, 설탕, 물엿, 물을 한꺼번에 넣어 중불에서 끓인다.

4 끓기 시작하면 약불로 줄여 15분간 보글보글 끓인 후, 충분히 식을 때까지 기다린다.

5 다시 끓이고 식히는 작업을 총 3회 반복한다.

* 작업을 반복하다 보면 금귤이 점점 투명해지고 젤리화되는 것이 보일 거예요. 만약 젤리 같은 느낌이 들지 않는다면 4회까지 반복해주세요.

6 잘 절인 금귤을 식품 건조기에 넣어 50도 온도에서 3~5시간 상태를 보며 말린다.

* 식품 건조기가 없는 경우, 체에 밭쳐 서늘한 곳에서 1~3일 두세요. 이럴 경우, 건조되기 쉽게 반으로 잘라서 씨를 빼주세요.

* 이때, 수분이 잘 날아갔는지 상태를 확인해주세요. 먹어보고 원하는 식감이 나왔다면 완성입니다.

7 깨끗한 용기에 담아 보관한다.

* 실온에서 약 2주, 냉동 보관 시 1년까지 두고 먹을 수 있어요. 냉동 보관할 경우, 색깔이 변할 수 있어요.

LE CREUSET

딸기

strawberry

사랑스러운 붉은빛

원래 딸기의 제철은 5월이 지난 초여름이었지만,
점점 빨라져 이제는 봄이 제철이라 할 수 있습니다.
딸기는 생각 외로 저칼로리 식품이에요. 한 알에 5~6kcal
수준으로 달콤한 맛에 부담 없는 칼로리를 자랑합니다.
이렇게 달고 맛있는데 칼로리도 낮다니!

LE CREUSET

딸기가 물러버렸다면

딸기 아이스크림

락토 오보

딸기가 지천인 계절, 나도 모르게 달큰한 향기에 이끌려 딸기 한 박스를 구매하지만 일주일만 방치해도 쉽게 물러 눈물을 머금고 버려야 했던 경험 한번쯤 있을 거예요. 이제 더 이상 물러버린 딸기에 슬퍼할 필요 없어요. 아이스크림으로 만들어 맛을 본다면, 오히려 물러진 딸기가 반가워질걸요.

6인분

딸기 400g
설탕 100g
생크림 250ml
무가당 플레인 요거트 200g*

* 가당 요거트를 사용한다면 설탕 양을 조절해주세요.

1 딸기를 잘 씻어서 준비한다.
2 절반은 손으로 으깬다.
  * 씹는 맛을 위해서 완전 짓뭉개지 않고 어느 정도 형태를 남겨두는 것이 좋아요.
3 나머지 절반의 딸기는 플레인 요거트, 설탕, 생크림과 함께 믹서기에 간다.
4 믹서기에 간 3에 2를 넣고 보관용기에 담는다.
5 냉동실에 넣은 후 3시간에 한 번씩 젓는다.
  * 이 과정을 열심히 할수록 부드러운 아이스크림의 식감이 완성된답니다.
6 얼리고 젓기를 총 3회 반복하여 완성한다.

여름

SUMMER

여름엔 자고로 과일이죠. 가만히 있어도 땀이 송글송글 맺히고 불쾌지수가 높아지는 여름이지만, 냉장고에서 갓 꺼낸 수박을 한입 물어 입안이 과즙으로 가득 찰 때면, 더위에게 고마움을 느낄 정도입니다. 뙤약볕을 받고 자란 여름의 작물들을 보면, 정말 기특하다는 생각이 먼저 들어요. 인간은 햇볕이 조금만 들어도 양산에 선글라스에 어떻게 가릴지 고민하지만, 여름 작물들은 작열하는 태양을 양분 삼아 무럭무럭 자라니까요. 노랗고 붉은 색채로 선명하게 익은 여름 작물 덕분에 나의 시절도 선명해지는 기분이네요. 고마워, 여름아!

입하立夏	더위가 시작되는 여름입니다.
소만小滿	식물의 푸르름이 조금씩 대지를 덮습니다.
망종芒種	씨(종자)를 뿌려 한 해의 농사를 시작합니다.
하지夏至	여름의 한가운데. 낮의 길이가 가장 깁니다.
소서小暑	작은 더위.
대서大暑	큰 더위.

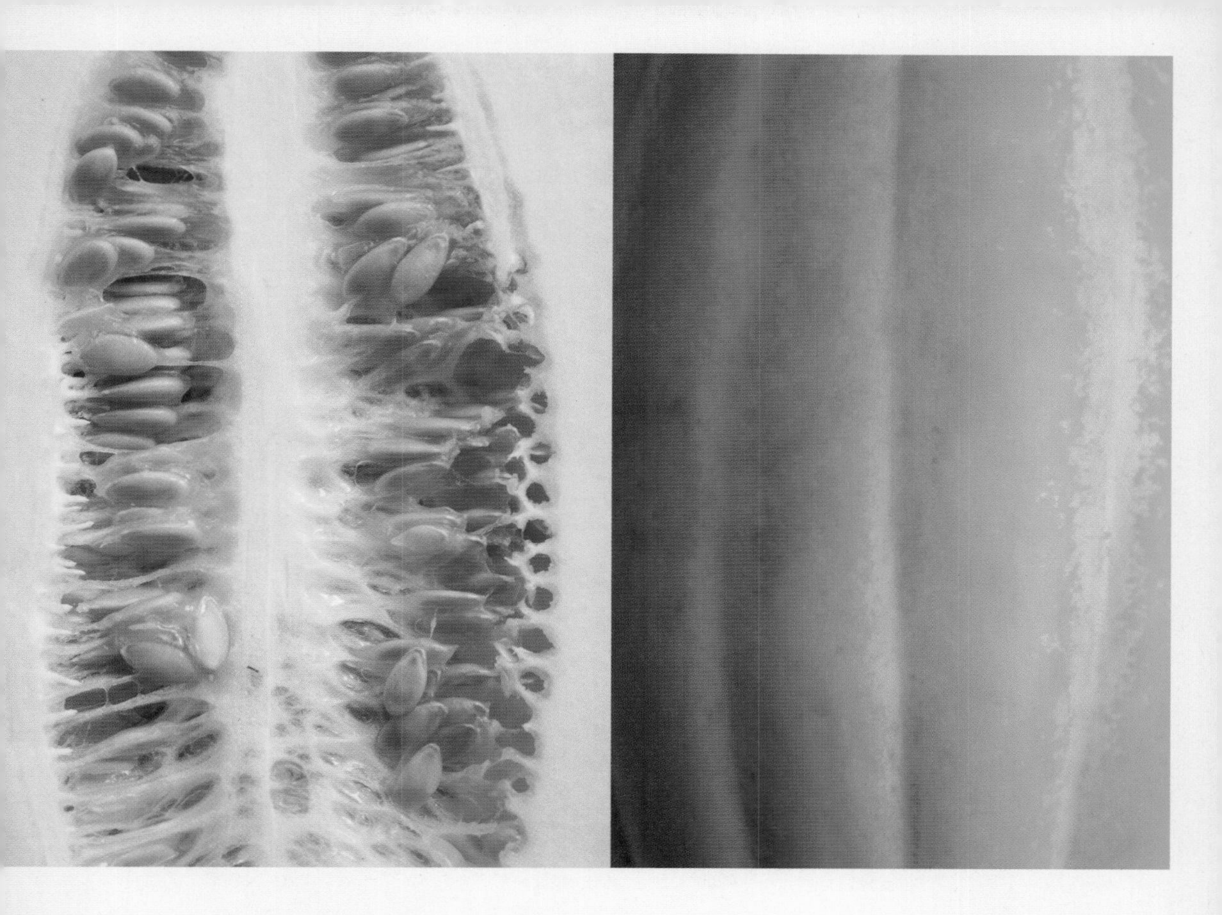

참외

여름을 알리는 샛노란 달콤함

Korean melon

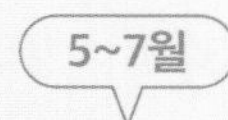

참외를 영어로 하면 'Korean melon'이라고 합니다.
거의 유일하게 우리나라에서만 먹는 과일인 까닭이지요.
노란 참외 껍질에 패어 있는 흰색 골은 햇빛과 영양분을 많이 받을수록 그 수가 많아진다고 해요. 흰색 골이 몇 개인지 세어보고 10개가 넘으면 맛있을 거라고 예상할 수 있습니다.

태국 현지보다 맛있는

참외 쏨땀

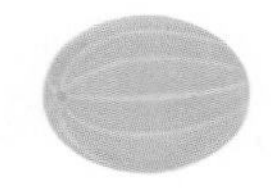

페스코

저는 외국 요리를 우리나라 제철 재료로 재현하는 데 관심이 많아요. 태국 요리 '쏨땀'의 재료 파파야를 참외로 대체해서 만들어보았어요. 파파야에 비해서 단맛이 강한 참외 덕분에 설탕도 덜 들어가고 재료 간의 조합이 조화로워 훨씬 더 근사한 요리가 탄생했어요.

2인분

참외 2개
당근 1/8개
방울토마토 5개*
가니시용 고수

*
일반 토마토의 경우 1/2개 사용하세요.

양념

땅콩 5개
페퍼론치노 3개
다진 마늘 1작은술
피시소스 1큰술*
설탕 1/2큰술
라임즙 혹은 레몬즙 1+1/2큰술

*
피시소스가 없다면 액젓 종류를 사용해주세요.

1 참외와 당근은 흐르는 물에 잘 씻어 껍질을 제거하고, 약 3mm 두께로 얇게 채 썬다.
* 참외는 노란 껍질을 남겨두면 맛있게 보여요. 당근과 참외는 같은 두께로 써는 것이 보기에 좋습니다.

2 방울토마토는 반으로 자르고, 일반 토마토의 경우 웨지 모양으로 8등분한다.

3 볼에 양념의 재료를 모두 넣고 절구에 빻는다.
* 절구가 없다면 땅콩과 페퍼론치노를 다져서 액체류와 섞어주세요.

4 3에 참외, 당근, 토마토를 넣고 잘 섞는다.
* 토마토에서 즙이 나오도록 살짝 짓이겨주면 좋습니다.

5 고수를 다져서 올려 마무리한다.

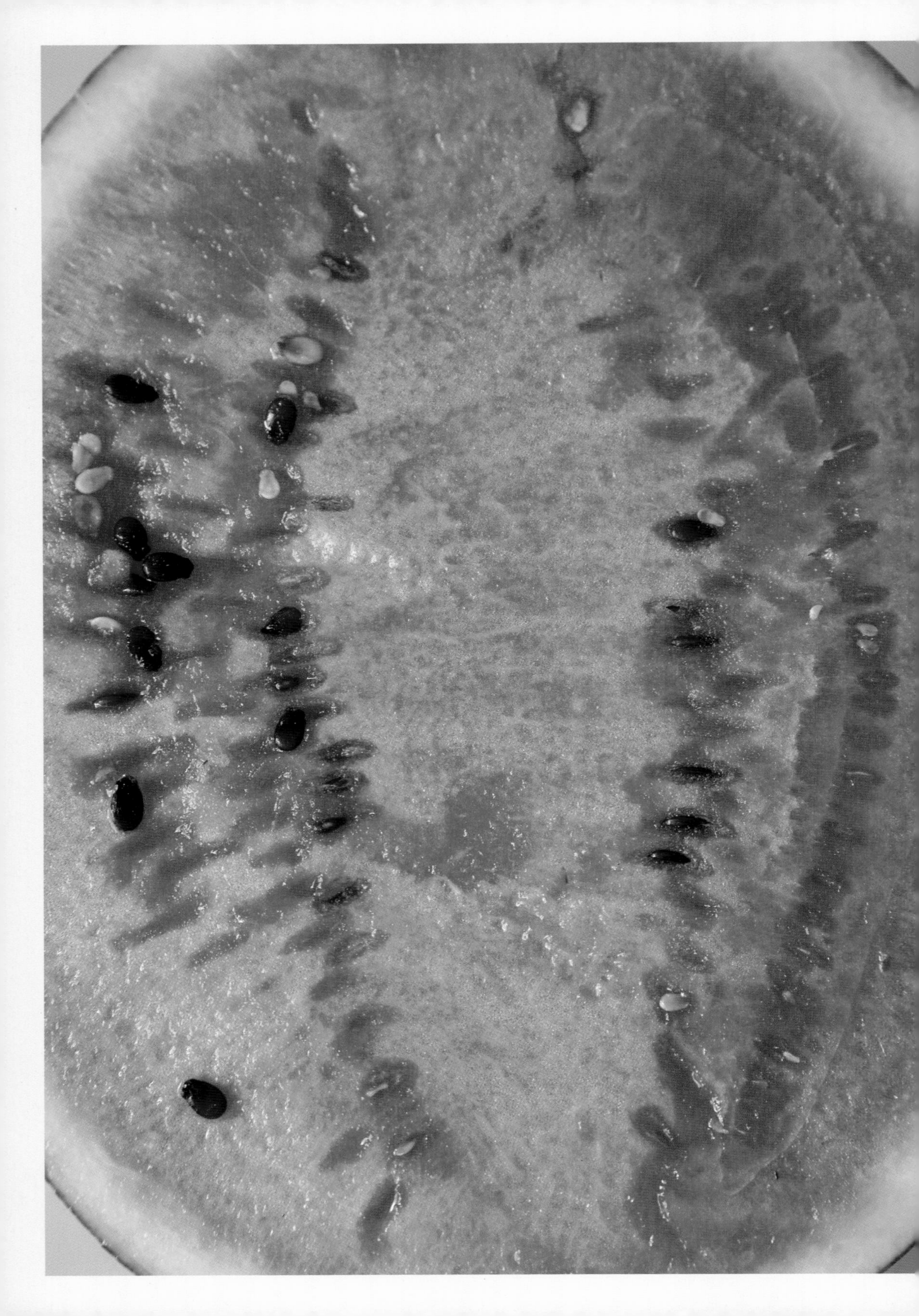

수박

watermelon

여름 과일의 대명사

6~9월

여름 과일의 대명사, 수박입니다. 맛있는 수박을 고르기 위해 통통 두드려보지만 매번 어떤 게 좋은 건지 헷갈려요. 비밀은 꼭지와 줄무늬에 있답니다. 수박은 꼭지부터 마르기 때문에, 꼭지가 마르지 않고 녹색을 띠고 있는지 확인하세요.
그리고 줄무늬가 고르고 진한 것이 좋은 수박이랍니다.

가로에 '단' 세로에 '짠'

수박 큐브 샐러드

락토 오보

양젖을 굳혀서 만드는 그리스식 페타 치즈. 부스러지는 질감과 새콤하고도 짭조름한 맛이 특징이에요. 달콤한 수박과 함께하면 단짠의 조화가 훌륭하죠. 페타 치즈와 수박, 그리고 오이를 같은 크기로 깍둑썰기해서 플레이팅했어요. 마치 미술작품 같은 근사한 샐러드가 쉽게 완성됩니다.

4인분

수박 적당량
페타 치즈 50g
오이 1/2개
올리브유 3큰술
레몬즙 1큰술
소금 1꼬집
후추 1꼬집
민트 잎 적당량

1 수박과 오이, 페타 치즈는 각각 사방 2cm 크기의 정육면체 모양으로 균일하게 자른다.
2 접시에 교차해가며 담는다.
3 분량의 올리브유, 레몬즙, 소금을 넣고 잘 섞어 드레싱을 만든다. 민트 잎도 잘게 다져서 섞는다.
4 2 위에 3의 드레싱을 고루 끼얹고 후추를 뿌린다. 민트 잎을 얹어서 낸다.

여름 채소

뜨거운 뙤약볕을 이겨낸

summer vegetables

6~8월

새콤달콤한 여름 채소는 입맛을 돋울 뿐만 아니라 여름을 나는 데 도움이 되는 찬 성질을 지니고 있어 몸의 열을 내려주어요. 그리고 뜨거운 자외선에 대비해 피부를 단단하게 만들어주는 영양소들도 가득 들어 있어 여름에 많이 먹으면 좋아요!

뙤약볕에 반짝이는

여름 채소 콜드 파스타

비건

여름의 뜨거운 뙤약볕을 받고 자라 색이 선명하게 무르익은 채소들로 만든 콜드 파스타예요. 인간은 뜨거울수록 힘들어하는데 채소들은 뜨거울수록 단맛이 가득 찬다니 신기하죠. 차갑게 칠링한 화이트 와인과 함께하면 한여름 무더위도 순식간에 낭만으로 바꿔줄, 여름밤에 딱 어울리는 새콤한 파스타입니다.

2인분

가지 1/2개
애호박 1/3개
양파 1/4개
파프리카 1개
방울토마토 약 10알
소금 적당량
쇼트 파스타 120g
올리브유 적당량
발사믹 식초 4큰술
설탕 1작은술
가니시용 바질 잎

좋아하는 재료는 더 넣고 싫어하는 재료는 빼세요! 마트에 판매하는 다른 종류의 채소도 무엇이든 좋습니다.

1. 쇼트 파스타는 충분히 삶아서 익히고 찬물로 헹궈 식힌 후, 올리브유를 살짝 뿌려둔다.
   * 바닷물의 염도 수준으로 소금을 넣고, 익히는 시간은 파스타 포장지 겉면을 참고해주세요.
   * 차가운 파스타로 먹기 때문에 덜 익히기보다 충분히 익히기를 권해요.
2. 가지, 애호박, 양파, 파프리카를 사방 1cm 크기로 깍둑썰기한다. 방울토마토는 반으로 자른다.
3. 프라이팬에 올리브유를 3큰술 두르고, 양파, 파프리카, 애호박, 가지, 방울토마토 순으로 볶는다. 소금을 1작은술 넣어 간한다. 다 볶은 후 한소끔 식힌다.
   * 볶다가 프라이팬이 너무 가득 차지 않도록 조심하세요. 조금씩 덜어내며 볶는 것도 방법입니다.
4. 한소끔 식은 채소들을 큰 볼에 옮겨 삶아둔 쇼트 파스타와 올리브유 3큰술, 발사믹 식초, 설탕을 넣고 섞는다.
   * 맛을 보며 발사믹 식초와 설탕은 기호에 맞게 가감해주세요.
5. 접시에 담고 바질 잎을 올려 장식한다.

복숭아

peach

여름이 행복한 이유

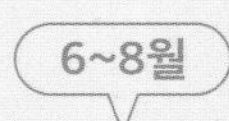

복숭아는 초여름부터 나오기 시작해 늦여름까지 다양한 품종으로 즐길 수 있는 대표적인 여름 과일 중 하나예요. 정말 다양한 품종이 있지만, 크게 천도, 백도, 황도 세 가지로 나눌 수 있지요. 이 셋은 각각 나오는 시기가 달라요. 여름의 시작과 함께 천도복숭아가 나오고, 그다음 백도, 그다음 황도랍니다.

달콤한 설탕옷 입은

슈거 글레이즈 복숭아와 치즈

락토 오보

과일을 가열해 먹는 것은 호불호가 갈리지만, 가열 시 과일의 단맛이 강해진다는 것은 주지의 사실입니다. 가끔씩 단맛이 약한 복숭아를 만날 때면 설탕옷을 입혀 구워 먹곤 해요. 간단하게 만드는 와인 안주로도 제격이랍니다!

2인분

복숭아 2개*
마스카르포네 치즈 50g
올리브유 약간
황설탕 적당량
메이플 시럽 2큰술
계핏가루 약간
가니시용 타임 잎

*
물렁한 복숭아보다는 단단한 복숭아, 특히 천도복숭아가 좋아요.

1 잘 씻은 복숭아는 반으로 잘라 씨를 깨끗하게 도려낸다.
 * 반으로 칼집을 낸 후 양쪽을 손으로 잡고 한쪽만 비틀며 돌리면 쏙 분리가 됩니다.
2 복숭아의 자른 단면에 올리브유를 살짝 바르고 황설탕을 충분히 묻힌다.
3 달궈진 프라이팬에 황설탕을 바른 부분이 아래에 가도록 하여 약불에 약 5분 가열한다.
 * 시각적으로도 맛있어 보이기 위해 그릴팬을 추천하지만 일반 프라이팬도 무방해요.
4 팬에서 복숭아를 꺼내고 잠시 식혀 열기를 날린다.
5 접시에 복숭아를 담고 메이플 시럽을 뿌린다.
 * 단맛이 충분하다고 느끼면 생략해도 좋아요.
6 곁들일 마스카르포네 치즈를 얹은 후, 계핏가루를 뿌리고 타임 잎을 얹어서 마무리한다.

감자

포슬포슬 구수한

potato

6~9월

감자는 냉장고에 보관하면 안 되는 식재료 중 하나입니다.
감자의 녹말 성분이 당류로 변해 맛이 없어지기 때문이에요.
추위에 약한 감자는 냉장고 대신 바람이 잘 통하고 그늘진 곳에
보관하는 것이 좋습니다.

보는 재미 먹는 재미

아코디언 감자

락토 오보

요즘은 사시사철 감자가 나오지만, 여름 햇감자만의 매력은 분명합니다. 1년 중 낮이 가장 길다는 하지 무렵 절정을 맞이하는 햇감자는 껍질이 얇고 식감이 유독 포슬포슬하답니다.
여름 햇감자를 이용해 껍질째 조리해 먹는 레시피를 소개합니다.

3인분

감자 6개
올리브유 4큰술
버터 1큰술
소금 1작은술
후추 1꼬집
그라나파다노 치즈 적당량
가니시용 쪽파
사워크림 적당량

1. 감자의 껍질을 솔로 박박 닦아 흙을 제거한다.
2. 감자에 3mm 간격으로 칼집을 깊숙이 내어 아코디언 모양을 만든다.
   * 감자의 3분의 2 지점까지 깊숙이 칼집을 내주세요.
3. 오븐용 그릇에 감자를 담은 뒤 올리브유를 끼얹고 버터를 골고루 바른다.
4. 감자 위에 소금을 뿌린다.
5. 190도로 예열한 오븐에 40분 정도 구워 감자가 노릇해지면 그라나파다노 치즈를 갈아 올리고 잘게 썬 쪽파와 후추를 뿌려 마무리한다.
6. 사워크림과 곁들여 낸다.

초당옥수수

달콤함이 상상 초월!

super sweet corn

초당옥수수의 '초당'은 강원도에 있는 지명 '초당'이 아닌 '월등한 당도超糖'라는 뜻이에요. 초당옥수수는 수확한 뒤 바로 먹을 때 단맛이 가장 강해요. 수확 후부터 급속도로 당도가 떨어지기 때문에 바로 먹을 것이 아니라면 냉동 보관하세요. 찰옥수수처럼 물에 삶기보다는 전자레인지에 익히거나 수증기로 쪄야 당분이 빠져나가지 않습니다.

알알이 톡톡, 식감이 재미난

초당옥수수 파스타

락토 오보

얼마나 달콤하고 맛있으면 이름부터가 '월등히 단' 옥수수일까요? 그냥 먹어도 맛있는 초당옥수수지만 오늘은 조금 색다르게 즐겨보세요. 달콤한 초당옥수수와 새콤한 레몬즙이 만나 새콤달콤, 잃어버린 여름 입맛을 되살려줄 거예요.

2인분

쇼트 파스타 100g*

* 쇼트 파스타의 종류는 어느 것으로 해도 무방하지만, 저는 동그란 모양의 오레키에테를 추천해요. 초당옥수수와 함께 숟가락으로 시원하게 퍼서 먹는 쾌감이 좋아요.

A
초당옥수수 1개
양파 1/2개
레몬즙 1큰술
레몬 껍질 1개 분량
다진 마늘 1큰술
그라나파다노 치즈 1/2컵
올리브유 2큰술

소금 1/2 작은술
후추 약간
가니시용 바질 잎

1 초당옥수수를 전자레인지에 2분간 돌린다.
2 옥수수는 알갱이만 분리하여 준비한다.
   * 도마 위에 옥수수를 세워놓고 칼로 아래를 향하게 알갱이만 잘라내듯 분리하면 됩니다.
3 양파는 5mm 크기로 잘게 다지고, 레몬 껍질과 그라나파다노 치즈는 갈아서 준비한다. A의 분량의 재료들을 모두 섞는다.
   * 레몬 껍질과 그라나파다노 치즈는 갈아서 조금 남겨두었다가 가니시로 활용해도 좋아요.
4 쇼트 파스타는 소금물에 충분히 익혀서 삶고 찬물로 헹군 뒤 체에 밭쳐 물기를 뺀다.
   * 바닷물의 염도 수준으로 소금을 넣고, 익히는 시간은 파스타 포장지 겉면을 참고해주세요.
   * 차가운 파스타로 먹기 때문에 덜 익히기보다 충분히 익히기를 권해요.
5 삶은 파스타에 3을 넣고 잘 섞는다. 소금과 후추로 간을 한다.
6 접시에 옮겨 담고, 바질 잎을 가니시로 얹어 마무리한다.

가지

eggplant

더운 여름에 활력을 줄

7~9월

가지는 기름을 잘 흡수하는 성질이 있어 튀기거나 볶는 조리법과 잘 어울립니다. 여름 채소답게 추위를 싫어해서 실온에 보관하는 것이 좋아요. 계절마다 다른 맛을 지니기도 하는데, 여름 가지는 부드러운 맛이 좋고 가을 가지는 조금 더 달콤하답니다.

장어 없는 장어덮밥

가지 장어덮밥

비건

"이걸 가지로 만들었다고?" 말해주지 않는다면 장어덮밥으로 착각할지 몰라요. 가지를 얇게 펴서 간장 양념으로 조리하면, 흡사 여름 보양식의 대표 메뉴 장어덮밥처럼 보이거든요. 부담스럽지 않게 영양을 챙겨 먹고 싶을 때, 혹은 비건 친구들에게 복날 영양식으로 대접하기에도 손색없어요.

2인분

가지 2개
식용유 적당량
밥 2공기
가니시용 쪽파

A
미림 2큰술
청주 2큰술
진간장 2큰술
물 1큰술
설탕 1큰술

1 잘 씻은 가지의 꼭지를 잘라내고, 껍질은 필러로 완전히 벗긴다.
2 껍질을 벗긴 가지를 통째로 전자레인지에 넣고 2분간 돌려 말랑하게 만든다.
3 말랑말랑해진 가지를 얇게 저며서 길게 편다.
 * 반으로 저미고, 또 반으로 저며 길게 펴주세요. 저미는 과정에서 가지가 완전 잘리지 않도록 조심해주세요.
4 팬에 식용유를 두르고 달군 후, 가지를 올려서 중불에 굽는다.
5 A의 재료들을 미리 섞어둔다.
6 겉면이 노릇노릇하게 구워졌으면 프라이팬 한쪽에 가지를 옮겨두고, 남은 공간에 A를 넣는다.
7 가지를 살짝 태우듯이 구우며 졸인다. 양념을 가지 위에 끼얹으며 잘 스며들도록 한다. 양념이 2~3큰술 남을 때까지 졸여지면 팬에서 꺼낸다.
 * 이후 토치로 겉면을 살짝 그을려 색을 내면 더욱 먹음직스러워요.
8 그릇에 따뜻한 밥을 담고 남은 양념을 끼얹어준 후, 구운 가지로 밥을 덮는다.
9 쪽파의 푸른 부분을 잘게 썰고 장식해 마무리한다.

자두

plum

여름부터 초가을까지 즐기는

6~9월

자두는 짙은 자색의 열매가 복숭아처럼 생겼다고 하여
'자도'라 불리다가 '자두'가 되었어요. 자두에 묻어 있는
하얀 가루는 자두에서 나오는 당분이에요. 농약 성분이라고
오해하기 쉬운데, 오히려 하얀 가루가 많이 묻어 있는 자두가
맛있답니다.

무더운 여름, 불 없이 근사하게

자두 살사

비건

무더운 여름날에는 불 앞에 서는 것만으로 곤욕일 때가 있어요. 그럴 때 불을 사용하지 않고도 근사하게 기분을 낼 수 있는 요리를 소개해요. 극강의 새콤달콤함을 자랑하는 여름 자두에 집 앞 슈퍼에서도 쉽게 구할 수 있는 여름 채소들을 더하면, 너무나 간단하게 완성. 시원한 맥주 한 잔과 함께 즐기면 무릉도원이 따로 없죠.

2인분

자두 2알
양파 혹은 적양파 1/8개
파프리카 빨간색, 주황색, 노란색 1/8개씩
오이고추 혹은 할라페뇨 1개
방울토마토 5알
라임 1개
올리브유 2큰술
소금 1꼬집
후추 1꼬집
가니시용 고수
나초칩

채소의 종류는 냉장고 사정에 따라 달라져도 괜찮아요. 세 가지 이상의 재료를 섞는 게 좋아요.

1. 자두는 껍질째 잘 씻는다. 양파, 파프리카, 오이고추, 방울토마토도 씻어서 준비한다.
2. 모든 재료를 사방 5mm 크기로 깍둑썰기한다.
3. 작은 볼에 라임의 즙을 내어 담고, 올리브유와 소금, 후추를 넣고 잘 섞는다.
4. 큰 볼에 2와 3을 넣고 잘 섞는다.
5. 고수를 잘게 다져서 뿌려 마무리하고 나초칩과 함께 낸다.

토마토

붉은 태양을 담은 빨간 맛

tomato

"토마토가 빨갛게 익으면 의사의 얼굴이 파래진다."라는 유럽 속담이 있다고 하죠. 그 정도로 토마토는 몸에 좋은 재료로 알려져 있어요. 하지만 몸에 좋다는 이야기보다 다이어트에 좋다는 이야기가 더 와닿는 건 왜일까요? 토마토 1개 분량의 칼로리는 40kcal밖에 안 되지만 포만감은 높은 착한 재료랍니다.

한 끼 식사로 손색없는

토마토 판차넬라 샐러드

비건

샐러드 하나로 가볍게 식사를 해결하고 싶을 때 종종 해 먹는 레시피예요. 판차넬라는 오래전 이탈리아의 가난한 농부들이 오래된 빵을 처리하기 위해 생겨난 조리법이라고 하니, 여름에 눅눅해져버린 묵은 빵이 있다면 한번 시도해보는 건 어떨까요?

4인분

토마토 2개
(방울토마토의 경우 20알)
빵 100g*
올리브유 1/2컵
오이 1/2개
양파 1/8개
블랙 올리브 5알
그린 올리브 5알
가니시용 바질 잎

* 부드러운 식빵류보다는 바게트 같은 단단한 빵이 좋고, 묵은 빵을 활용하면 더 좋아요.

드레싱

발사믹 식초 2큰술
올리브유 3큰술
올리고당 1작은술
레몬즙 1큰술
다진 마늘 1작은술
소금 1/2작은술
후추 약간

1. 빵은 먹기 좋은 크기로 자른 후 올리브유를 충분히 적시듯 바른다.
2. 180도로 예열한 오븐에 10분 동안 빵을 구워 준비한다.
   * 에어프라이어를 사용할 때도 동일하게 180도에 10분 구워주세요.
3. 빵 크기에 맞추어 토마토를 자른다.
   * 방울토마토의 경우 반으로 잘라주세요.
4. 오이는 빵과 토마토 크기의 절반 크기로 자른다.
5. 양파는 약 5mm 크기로 다진다.
6. 큰 볼에 드레싱 분량의 재료들을 모두 넣어 잘 섞는다.
7. 6에 토마토를 으깨듯 눌러서 넣고 섞는다. 양파, 올리브, 오이, 빵을 넣어 살살 버무린다.
8. 그릇에 옮겨 담고 바질 잎을 얹어 낸다.

꽈리고추

쭈글쭈글 매운맛

shishito pepper

꽈리고추는 표면이 쭈글쭈글한 것이 꽈리처럼 생겼다고 해서 붙은 이름입니다. 껍질이 얇은 편이라 볶음요리에 어울리고, 은은하게 매운맛이 매력이죠. 기름에 볶으면 고추의 영양분이 더 잘 흡수된다고 하니 맛도 좋고 영양도 좋고 일석이조입니다.

알싸한 매운맛에 침이 고이는

꽈리고추 안초비 파스타

페스코

어릴 적부터 풋고추를 생으로 먹는 것은 싫어했지만, 멸치 볶음에 들어간 꽈리고추는 곧잘 먹었어요. 꽈리고추 멸치 볶음 반찬을 먹던 기억을 살려, 멸치(안초비)와 함께 파스타를 만들어보았는데 역시 궁합이 좋아요. 어른의 파스타!

2인분

꽈리고추 50g
안초비 필렛 3개
마늘 3쪽
스파게티 120g
올리브유 적당량
후추 약간

1 스파게티를 끓는 물에 삶아 체에 밭쳐둔다.

* 바닷물의 염도 수준으로 소금을 넣고, 익히는 시간은 파스타 포장지 겉면을 참고해주세요. 면수는 버리지 말고 두세요.

2 꽈리고추는 꼭지를 제거하고, 깨끗이 씻어 물기를 제거한다. 크기가 큰 고추는 반으로 잘라 준비한다.

* 고추를 반으로 잘라 볶으면, 고추의 씨와 즙이 자연스럽게 흘러나와 알싸하게 매콤한 맛을 냅니다.

3 마늘은 얇게 편으로 썬다. 안초비는 잘게 다진다.

4 팬에 올리브유를 2큰술 두르고, 기름이 차가운 상태부터 마늘을 넣어 가열해 향을 낸다.

5 마늘이 노릇노릇해지면 꽈리고추를 넣는다. 꽈리고추가 노릇해지고 충분히 숨이 죽으면, 다져둔 안초비를 넣고 함께 볶는다.

6 꽈리고추와 안초비를 볶던 팬에 삶아둔 스파게티와 면수 3큰술을 넣고 수분을 날려가며 볶아 기름을 면에 흡수시킨다.

7 접시에 면부터 옮겨 담고 그 위에 꽈리고추를 얹어 낸다. 올리브유, 후추를 약간 뿌려 마무리한다.

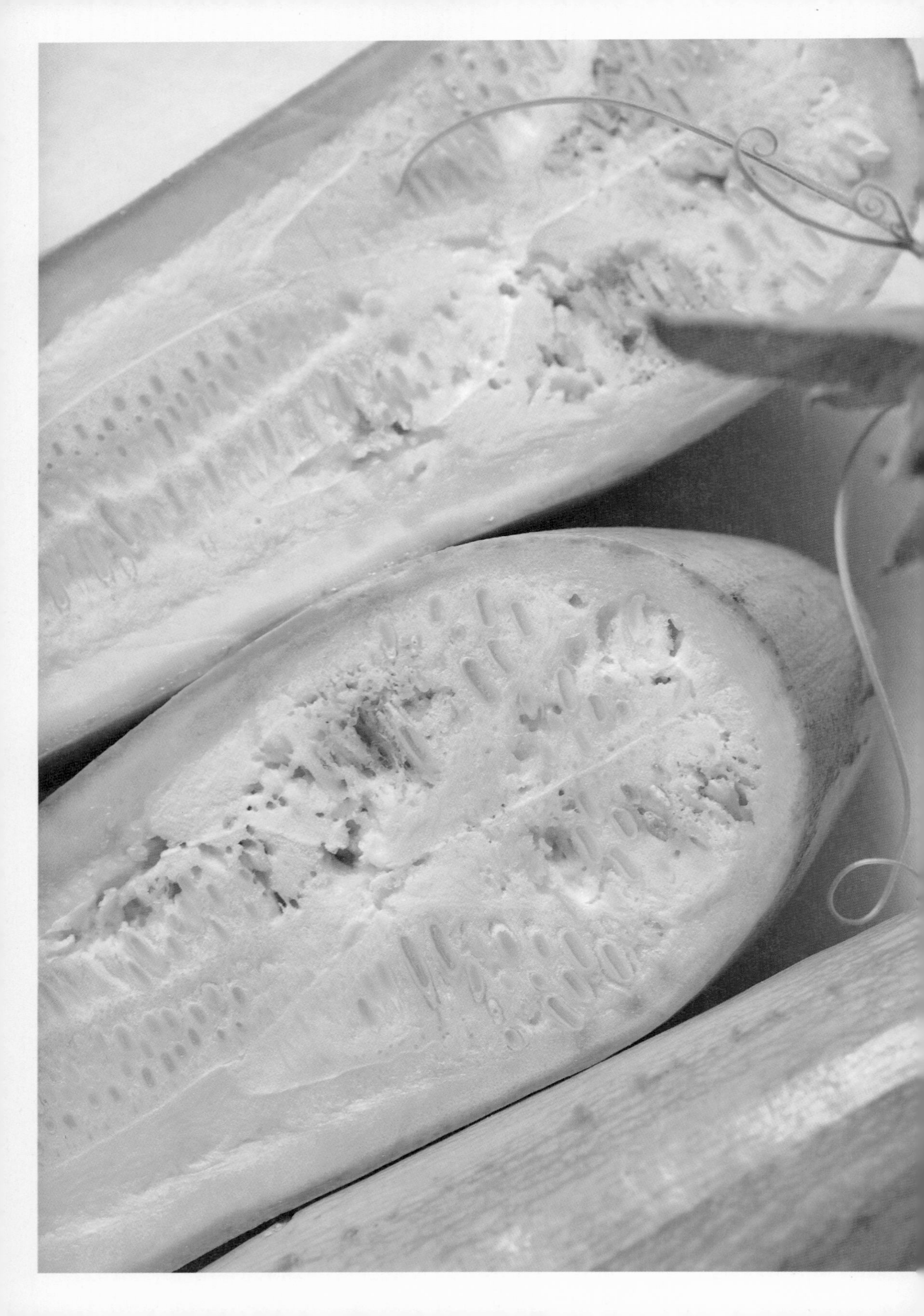

애호박

Korean zucchini

뜨거운 것이 좋아

뜨거운 성질을 좋아하는 애호박은, 여름철 내리쬐는 뙤약볕도 견뎌내는 강인한 생명력을 지니고 있어요. 좋은 애호박은 손에 한번 들어보면 알 수 있어요. 크기에 비해서 무게가 묵직한 것을 구매하면 된답니다.

밀가루 없이 건강하게

애호박 라자냐롤

락토 오보

라자냐 요리를 라자냐 면 없이 애호박으로 만들어 먹는 건강한 레시피예요. 다이어트가 시급한 여름에 알맞은 조리법이지요! 건강하다고 해서 맛이 없을 거란 걱정은 하지 않으셔도 돼요. 애호박에서 나오는 구수한 채즙 덕분에, 라자냐 면으로 만들 때보다 더욱 감칠맛이 폭발한답니다.

4인분

애호박 2개
토마토 소스 1컵*
올리브유 2큰술
모차렐라 치즈 1/2컵
그라나파다노 치즈 적당량

* 토마토 소스는 홀토마토 또는 시판 토마토 파스타 소스를 사용해요.

리코타 소

리코타 치즈 200g
바질 잎 5장
레몬즙 1작은술
레몬 껍질 1/2개 분량
페퍼론치노 1개
그라나파다노 치즈 1/2컵
소금 1작은술
후추 약간

1. 애호박은 채칼을 사용해 얇게 세로로 썬다.
2. 바질 잎은 잘게 썰고, 그라나파다노 치즈도 갈아둔다. 페퍼론치노는 부숴둔다. 레몬을 즙을 내고, 껍질을 갈아둔다.
3. 볼에 리코타 소의 분량의 재료를 모두 넣어 섞는다.
4. 세로로 썬 애호박을 펴고, 끝부분에 소를 1큰술씩 얹은 후 둥글게 만다.
5. 오븐용 그릇 바닥에 토마토 소스 3큰술을 펴 담는다. 그 위에 4를 올린 후 토마토 소스 4큰술을 더 끼얹는다.
6. 모차렐라 치즈를 뿌리고 위에 올리브유를 더 뿌린다.
7. 180도로 예열한 오븐에 약 20분간 굽는다.
8. 그라나파다노 치즈를 올리고 후추를 약간 뿌려 마무리한다.

산딸기

톡 하면 터질까 소중한

Korean raspberry

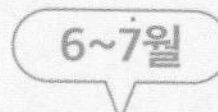

산딸기는 농약을 많이 치는 과일이 아니라서 씻지 않고
그대로 먹어도 된다고 해요. 그래도 불안하다면 약한 식촛물에
15초 정도 헹구듯이 담갔다가 흐르는 물에 살짝 씻어내면
됩니다. 금방 무르고 곰팡이가 피기 때문에, 오래 두고
먹으려면 냉동실에 보관하세요.

산딸기를 내 마음속에 저장

산딸기 그라니타

비건

산딸기는 왜 한 팩씩만 파는 걸까요? 딱 한 번 먹을 만큼만 소분해서 팔면 좋을 텐데 말이에요. 마트에서 만나면 반가운 마음에 한 팩 사 들고 와보지만, 다 먹기도 전에 벌써 무르기 시작하는 산딸기. 그런 산딸기를 모아 그라니타로 만들면 오래 두고 즐길 수 있습니다. 화이트 와인을 조금 섞었더니, 애피타이저로 산뜻하게 먹어도 좋고 디저트로 달콤하게 마무리해도 좋은 맛이에요.

6인분

산딸기 180g
설탕 50g
화이트 와인 70ml*
레몬즙 3큰술

* 술을 좋아하지 않거나 아이 간식으로 만들 때는 화이트 와인 대신 물이나 탄산수를 넣어도 괜찮아요.

1. 산딸기는 흐르는 물에 살살 씻는다.
   * 오래 씻으면 뭉개질 수 있으니 30초 이하로 먼지만 털어내듯 씻어주세요.
2. 냄비에 설탕, 화이트 와인, 레몬즙을 넣고 약불에서 설탕이 녹을 정도로만 살짝 끓인다.
3. 설탕이 다 녹았으면, 2와 산딸기를 믹서기에 전부 넣고 간다.
   * 씨가 씹히지 않는 부드러운 식감이 좋다면 체에 한 번 걸러주세요.
4. 냉동실에 넣어두었다가 3시간에 한 번씩 저어준다. 이 과정을 3회 반복한다.
5. 포크로 박박 긁어서 잔에 담아 낸다.

가을
AUTUMN

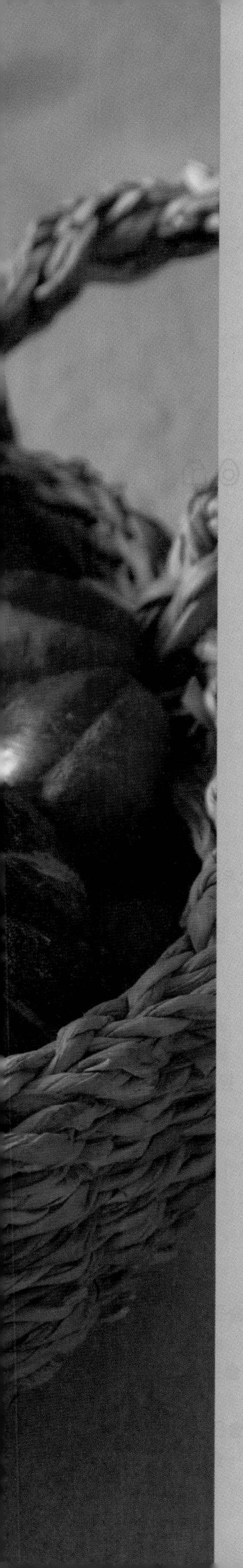

결실의 계절 가을입니다. 이제까지 푸르렀던 나무가 차례대로 붉거나 노랗게 물들기 시작할 무렵이면, 가을의 색채를 느끼게 하는 작물들이 찾아옵니다. 한 해 동안 열심히 길러온 작물들을 수확하는 계절. 산에는 가을의 미각을 깨우는 가을 버섯이 자라고, 땅속에서 움츠려 있던 고구마, 연근과 같은 뿌리채소들이 고개를 내밀지요. 화려한 색채를 자랑하는 무화과는 가을을 놓치면 한 해를 기다려야 하는 귀한 작물입니다. 해가 점점 짧아지기 시작하는 가을, 아쉬운 시절을 위로하듯 그 어느 때보다도 풍성한 먹을거리가 가득합니다.

입추立秋	사색의 계절, 가을입니다.
처서處暑	더위는 한풀 꺾였습니다.
백로白露	일교차가 커지면서 이슬이 맺히는 날.
추분秋分	가을의 가운데. 밤과 낮의 길이가 같아졌습니다.
한로寒露	이슬도 차가워졌습니다.
상강霜降	서리까지 내립니다.

무화과

fig

가을을 닮은 화려함

8~10월

꽃이 피지 않는 과일이라고 하여 이름 붙여진 '무화과'.
실제로 꽃이 피지 않는 것은 아니고 꽃이 주머니 속에서 피어
보이지 않는 거랍니다. 덜 익은 무화과의 경우, 자르면 단면에
흰색 진액이 나오는 경우가 있는데, 이 진액에는 독성이 있으니
주의하는 것이 좋아요.

반할 만한 비주얼

무화과 오픈 샌드

락토 오보

무화과는 맛도 맛이지만, 단면을 잘랐을 때 보이는 아름다운 모습이 매력적인 과일이에요. 함께 곁들인 라즈베리 잼은 무화과의 아름다운 보랏빛을 돋보이게 해줄뿐더러 무화과의 산미와도 잘 어울리죠. 맛도 모양도 가을의 풍족함을 알리는 화려한 메뉴랍니다.

1인분

무화과 2개
식빵 1장
라즈베리 잼 1큰술*

*
라즈베리 잼이 없으면 다른 잼을 넣어도 좋지만 가급적 새콤한 맛이 나는 잼을 추천합니다. 잼과 함께 크림치즈를 곁들이면 더 풍부한 맛을 즐길 수 있어요.

1. 식빵 위에 라즈베리 잼을 고루 펴 바른다.
2. 무화과는 5mm 두께로 원 모양을 살려 자른 후, 빵 위에 가지런히 올린다.
3. 빵의 테두리를 깔끔하게 자른 후 접시에 담아 마무리한다.

고등어

등이 푸른 가을의 별미

mackerel

기름지고 고소한 맛이 일품인 고등어는 특히 부패가 빠른 생선 중 하나입니다. 모든 생선이 그렇지만, 특히 유의해서 냉장 보관해주세요. 구매 직후 바로 먹는 것을 추천하며, 바로 먹을 수 없다면 냉동실로 직행해야 합니다.

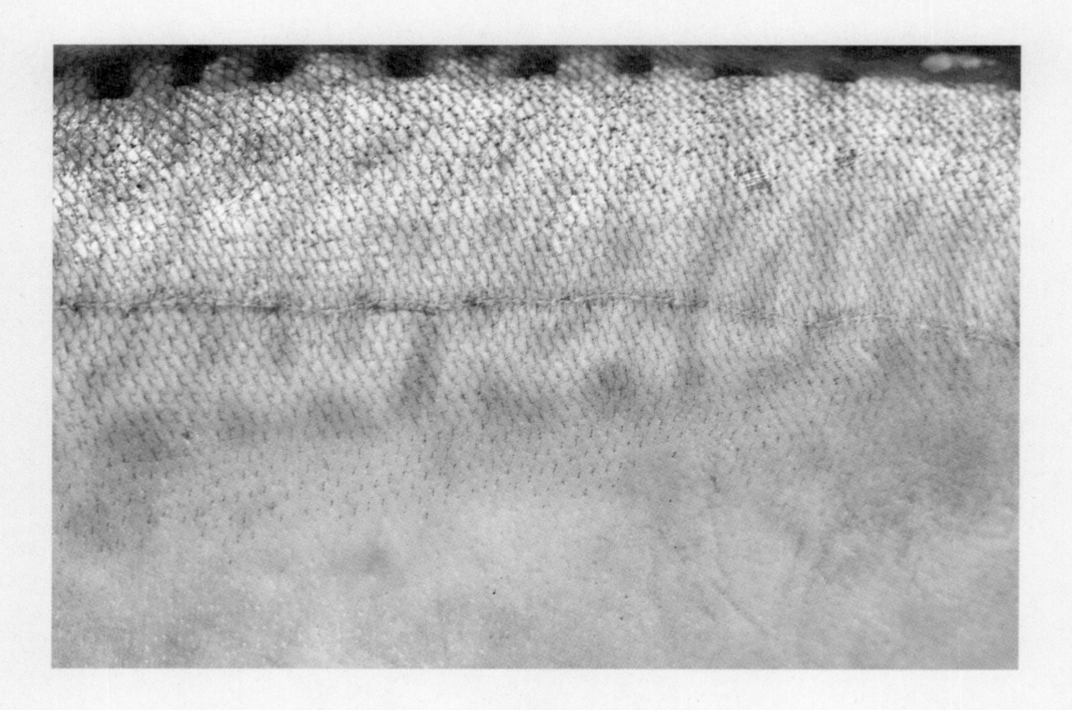

제철의 고소함이 가득한

고등어 우엉 파스타

페스코

고등어는 생선 중에서 가장 친근한 식재료지만 호불호가 분명하기도 합니다. 비리지 않을까? 하는 걱정은 마세요. 향긋한 우엉과 함께 볶아 누구나 즐길 수 있도록 만들어보았답니다. 포인트로 레몬즙을 살짝 뿌리면 평소 생선을 싫어하는 사람들도 거부감 없이 먹을 수 있어요.

2인분

고등어 1/2마리
스파게티 120g
우엉 1/4개
마늘 3쪽
올리브유 적당량
레몬즙 1작은술
후추 약간
가니시용 쪽파

1 스파게티를 끓는 물에 삶아 체에 밭쳐둔다.
  * 바닷물의 염도 수준으로 소금을 넣고, 익히는 시간은 파스타 포장지 겉면을 참고해주세요. 면수는 버리지 말고 두세요.
2 우엉은 흐르는 물에 씻으며 솔로 닦아 남은 흙이 없게 손질한 후 필러로 얇게 깎는다.
3 마늘은 편으로 썰어서 준비한다.
4 고등어는 흐르는 물에 살짝 씻은 후 물기를 완전히 제거한다.
5 올리브유를 1큰술 둘러 예열한 팬에 고등어를 등쪽부터 굽는다. 약 2분 굽고, 뒤집어서 1분 30초 더 굽는다.
6 크게 두 덩이로 잘라 절반은 플레이팅을 위해 통째로 두고, 절반은 살만 발라 잘게 찢어둔다.
7 고등어를 구운 팬에 올리브유를 1큰술 더 두르고, 편으로 썬 마늘을 약불에 노릇하게 볶아 향을 낸다.
8 채 썬 우엉을 넣어 함께 숨이 죽을 때까지 볶다가 잘게 찢어둔 고등어를 넣고 30초 정도 더 볶는다.
9 삶아둔 파스타와 면수 3큰술을 같이 넣어 수분을 날리듯 볶는다. 면수와 올리브유를 추가하면서 소스가 면에 잘 입혀지도록 한다.
10 접시에 옮겨 담고, 통째로 두었던 고등어 반쪽을 위에 올린다.
11 레몬즙, 후추, 올리브유를 약간, 쫑쫑 썬 쪽파를 뿌려서 낸다.

밤

chestnut

찬 바람 부는 계절엔

우리나라가 중국 다음으로 밤을 많이 수출하는 나라라는 것 알고 계셨나요? 서양의 밤보다 질감이 단단해서 품질을 인정받는다고 해요. 밤껍질을 쉽게 벗기는 법은 따로 있어요. 그건 바로 삶은 즉시 찬물에 담가두는 것. 삶은 달걀을 찬물에 담그는 것과 같은 이치예요.

율란

비건

율란은 조선시대 고문헌에도 나오는 우리나라 전통 디저트입니다. 밤의 겉껍질을 깎아내 쪄낸 후 체에 내려 또다시 밤의 모양으로 빚어내는 재미있는 디저트죠. 귀여운 모양 덕분에 만들고 즐기는 내내 기분 좋아질 거예요. 냉동하면 몇 달 동안 보관할 수 있으니, 언제든 다시 꺼내 차와 곁들여보세요.

* '란(卵)'은 과수의 열매를 익힌 후 으깨어 설탕이나 꿀에 조린 다음, 다시 원래의 과실 형태와 비슷하게 빚은 것을 말해요. 율란 외에 생강으로 만드는 생란, 대추로 만드는 조란 등이 있습니다.

20개 분량

밤 25알 (약 200g)
꿀 50g*
계핏가루 1/2작은술
추가 계핏가루

*
완전한 비건식을 원한다면 꿀 대신 올리고당을 사용해주세요.

1. 밤을 검은 껍질이 남지 않게 잘 깎는다.
2. 찜솥에 면보를 깔고 깐 밤을 넣어 30분간 찐다.
   * 젓가락이 푹 들어갈 정도로 충분히 쪄주세요.
3. 체 위에 찐 밤을 올리고 밤을 부순다는 느낌으로 으깨서 내린다.
   * 밤이 뜨거울 때 잘되므로, 식지 않게 3~4알씩 꺼내세요.
4. 곱게 내린 밤가루를 모아 볼에 담고 꿀과 계핏가루를 넣는다.
   * 꿀을 너무 많이 넣으면 질척해지므로 조금씩 넣어주세요.
5. 꿀이 고루 펴질 수 있도록 잘 섞고, 엄지손톱 크기(약 10g)만큼 반죽을 떼낸다.
6. 반죽을 돌돌 굴려 원형으로 만든 후 조물조물 만져 밤 모양을 만든다.
7. 아랫면에 계핏가루를 살짝 묻혀, 실제 밤의 모양과 비슷하게 꾸민다.

뿌리채소

가을녘 땅속의 힘

root vegetables

땅속에서 자라는 뿌리채소는 대지의 척박함을 이겨내야 하기에
그만큼 자생력이 강하고 높은 영양분을 머금고 있어요.
특히 추운 겨울을 대비해 영양분을 뿌리에 저장하고 있어서
예부터 천연 보약으로 통했다고 합니다.

가을 뿌리채소 구이

락토 오보

가을에 좋은 채소인 당근, 연근, 비트, 고구마에는 공통점이 있어요. 모두 깊은 대지에서 단단히 자랐다는 점이에요. 저마다 다양한 색을 뽐내는 뿌리채소들을 고소한 생크림 소스를 곁들여 구웠습니다. 부드러운 식감으로 뿌리채소 본연의 맛을 제대로 살려줄 레시피예요.

2인분

뿌리채소 4가지
- 당근 1/2개
- 연근 1/2개
- 비트 작은 것 1/3개
- 고구마 1개

버터 10g
생크림 300ml
그라나파다노 치즈 1컵
다진 마늘 2큰술
타임 3줄
소금 2작은술

1 타임은 다져서 준비한다. 그라나파다노 치즈를 갈아둔다.
2 생크림, 그라나파다노 치즈, 다진 마늘, 다진 타임, 소금을 섞어서 소스를 만든다.
3 뿌리채소들을 채칼로 얇게 썰어 준비한다.
 * 비트는 붉은 즙이 많이 나오므로 가장 마지막에 손질하는 것이 좋아요.
4 4가지 뿌리채소를 각각 볼에 담고, 생크림 소스와 함께 섞어 약 30분간 재워둔다.
5 그라탱 팬에 버터를 바른다.
 * 모든 단면이 생크림과 잘 섞이도록 해야 균일하고 맛있게 구워져요.
6 소스에 재워둔 뿌리채소를 오븐 내열 용기에 겹겹이 펼쳐 예쁘게 담는다.
7 용기 위를 포일로 덮고, 180도로 예열한 오븐에 약 15분 굽는다.
8 포일을 벗겨내고 그라나파다노 치즈, 타임을 추가로 더 뿌린 후 오븐 온도를 200도로 높여 5~10분 더 굽는다.
9 노릇노릇한 색이 예쁘게 나면 낸다.

버섯

mushroom

가을 지천에 널린

9~12월

대부분의 버섯은 수분이 90% 이상이에요. 고기를 먹을 때 주로 함께 구워 먹는 양송이버섯. 굽다 보면 양송이 갓에 물이 고이곤 하는데, 그 물은 영양분이 아니라 99% 그냥 수분이라고 합니다. 이제는 흘릴까 봐 조마조마하지 않아도 되겠어요!

짙은 가을의 풍미

발사믹 소스 버섯 구이

비건

버섯이 고기보다 맛있는 시기인 가을입니다. 지천에 널린 가을버섯은 간단히 볶기만 해도 충분한 요리가 됩니다. 여기에 발사믹 식초의 산미와 간장의 감칠맛이 만난 동양과 서양의 소스 조합이 새로운 맛을 선사할 거예요.

2인분

버섯 150g*
올리브유 2큰술
소금 1/2작은술
후추 1꼬집
이탈리안 파슬리 적당량

* 양송이버섯, 생표고버섯, 느타리버섯을 사용했으나 어느 버섯을 사용해도 무방합니다.

발사믹 소스

올리브유 1큰술
발사믹 식초 1작은술
진간장 1작은술
올리고당 1/2작은술
다진 마늘 1작은술

1 작은 볼에 소스의 재료를 넣고 미리 섞어둔다.
2 중불로 달군 프라이팬에 올리브유를 두른 후, 버섯이 부드러워지는 느낌이 들 때까지 3~5분 볶는다.
   * 버섯을 볶을 때 소금을 조금 넣으면 버섯에서 수분이 나와 기름을 많이 쓰지 않고도 잘 볶을 수 있어요.
3 섞어둔 1을 넣고 버섯에 소스가 흡수될 때까지 중불로 2분 정도 더 볶는다.
4 접시에 옮겨 담고 후추와 다진 이탈리안 파슬리를 뿌려서 마무리한다.
   * 빵과 함께 즐기면 더욱 맛있어요.

샤인머스캣

향긋한 달콤함이 팡팡

shine muscat

샤인머스캣은 가격이 비싸서 한 송이 고르기에도 심혈을 기울이게 되죠. 맛있는 샤인머스캣을 고르려면 우선 알맹이가 500원짜리 동전만큼 큰 것을 골라야 합니다. 또 살짝 노란빛을 머금고 있어야 가장 적절히 익은 상태라고 해요.

귀여운 흰 모자를 쓴

그릭 샤인머스캣

락토 오보

이제 어엿한 국민 과일이 된 샤인머스캣, 그대로 즐겨도 좋지만 치즈나 요거트를 함께 곁들이면 맛이 두 배가 돼요. 샤인머스캣 위에 그릭요거트 모자를 씌워주었을 뿐인데 근사한 와인 안주 혹은 티푸드가 탄생한답니다. 특히 당도가 떨어지는 샤인머스캣을 만났을 때 빛날 레시피예요.

2인분

샤인머스캣 15알 내외
그릭요거트 3큰술*
레몬 껍질 약간
소금 약간
꿀 약간 (필요 시)
가니시용 민트 잎

*
그릭요거트는 꾸덕꾸덕한 제형을 사용하는 것이 좋아요.

1. 샤인머스캣의 윗부분을 약간 잘라낸다. 아랫부분도 살짝 잘라 세우기 좋도록 한다.
2. 그릭요거트를 샤인머스캣 위에 가지런히 얹는다.
3. 접시에 옮겨 담고 레몬 껍질을 갈아 올린다.
4. 샤인머스캣이 달지 않을 때는 꿀을 살짝 뿌린다.
5. 소금을 아주 약간 뿌리고, 민트 잎을 올려 마무리한다.

사과

apple

명실상부 국민 과일

9~12월

사과는 한국인이 좋아하는 과일 설문조사에서 1위를 차지할 정도로 남녀노소 누구에게나 인기 많은 국민 과일이에요. 저장성이 좋아 연중 먹을 수 있지만 햇사과가 나오는 제철은 가을이랍니다. 아오리 사과부터 시작해, 홍로, 홍옥, 부사 순으로 이어지는 제철 사과를 먹는 재미가 쏠쏠하지요.

맛없을 수 없는 조합

사과 브리 치즈 구이

락토 오보

가을 과일의 대명사 사과는 어떻게 먹어도 맛있지만, 특히 계피 향과 조합이 훌륭해요. 버터에 살짝 볶으면 붉은 껍질은 더 선명해지고, 과육은 달콤함이 배가 되죠. 거기에 계핏가루를 솔솔, 치즈를 곁들이면 훌륭한 와인 안주가 된답니다!

3인분

사과 1개*
브리 치즈 100g
버터 10g
황설탕 1큰술
계핏가루 1/4작은술
레몬즙 1작은술
꿀 1큰술
피칸 또는 호두 20알
가니시용 타임 등 허브류

*
사과는 붉은빛이 아름답고 새콤한 과육이 특징인 홍옥을 추천해요.

1. 사과는 껍질째 깨끗하게 씻은 후, 약 5mm 두께의 부채꼴로 썰어서 준비한다.
2. 팬을 중불로 예열한 후 버터를 두른다.
3. 사과를 팬에 올려 말랑해질 때까지 볶다가 황설탕, 계핏가루, 레몬즙, 꿀을 넣어서 더 볶는다.
4. 피칸을 넣고 섞듯이 살짝 볶아 마무리한다.
5. 오븐 내열 접시 위에 브리 치즈를 올리고, 준비한 사과 피칸 절임을 얹는다.
6. 200도로 예열한 오븐에 약 20분 구워서 마무리한다.
7. 타임 등 허브류를 올려서 낸다.

고구마

노란 속살에 기분이 좋아지는

sweet potato

고구마 하면 한겨울에 호호 입김을 불어가며 먹는 군고구마부터
생각나지만, 사실 고구마의 제철은 늦여름부터 가을까지예요.
이때 수확한 햇고구마가 1년 내내 유통된답니다. 고구마는
냉장고보다는 직사광선을 피해 서늘한 곳에서 보관하는 게 좋아요.

아침을 깨우는 단맛

메이플 고구마 수프

락토 오보

구황작물로 만든 수프 한 그릇이면 든든한 아침식사로 제격이죠. 고구마를 버터에 볶아 풍미를 더하고, 메이플 시럽으로 단맛을 보강했어요. 고구마가 지닌 은은한 단맛과 메이플 시럽의 진한 단맛이 무척 잘 어울려요.

4인분

버터 20g
고구마 2개 (300g)
우유 200ml
생크림 200ml
메이플 시럽 1큰술
가니시용 해바라기씨

*
자른 고구마는 색깔이 검게 변할 수 있으니, 잠시 물에 담가주세요.

*
우유와 생크림 둘 중 하나만 사용해도 되고, 둘 다 없다면 물로 끓여 포타주 식으로 즐겨도 좋아요.

1 고구마의 껍질을 벗긴 후 정사각형으로 작게 자른다.
  * 작게 자르는 이유는 균일하고 빠르게 익히기 위해서예요.
2 팬에 버터를 두르고 중불에 올려 버터가 다 녹으면 고구마를 볶는다.
3 고구마가 노릇노릇해지고 반쯤 익으면, 가니시용으로 고구마를 몇 개 건져둔 후 우유와 생크림을 넣고 끓인다.
4 젓가락으로 찔렀을 때 완전히 으깨질 정도로 약 15분간 푹 익힌다.
5 핸드 블렌더로 곱게 간다. 농도가 너무 되직하면 우유를 추가하고, 너무 묽으면 더 끓여서 적당한 농도를 맞춘다.
6 메이플 시럽을 넣어 달콤한 맛을 첨가해 완성한다.
7 접시에 옮겨 담고, 준비해둔 가니시용 고구마와 해바라기씨를 위에 얹어서 낸다.

은행

ginkgo nut

열매가 우수수 떨어지는 계절

9~11월

맛있다고 너무 많이 먹으면 큰일 나는 은행. 성인은 하루에 10알, 어린이는 2~3알이 권장량입니다. 그 이상 먹으면 청산 중독 증상이나 소화불량이 생길 수 있으니 조심하세요.

동글동글 입에서 톡톡

은행 떡볶밥

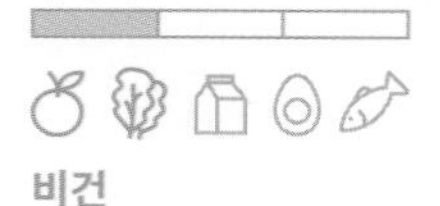

비건

샛노란 은행나무가 열매를 우수수 떨어뜨리는 계절, 그냥 지나치긴 아쉬울 때 은행을 닮은 조랭이떡과 함께 즐겨보세요. 바삭바삭하게 볶은 밥알이 쫄깃한 조랭이떡에 쪼르르 달라붙어 재미있는 식감이 난답니다.

2인분

은행 20알
쌀밥 1공기
조랭이떡 15개
소금 1/3작은술
식용유 1큰술
참기름 약간

1. 은행은 프라이팬에 올려 약불에 살살 굴리듯이 볶은 다음 키친타월을 이용해 껍질을 벗긴다.
2. 프라이팬에 식용유를 두른 후 조랭이떡을 넣고 말랑해질 때까지 약불에 볶는다.
3. 떡이 말랑해졌으면 껍질 벗긴 은행을 넣고 노릇노릇해질 때까지 약불에 함께 볶는다.
4. 은행이 노릇해졌으면 밥을 넣고 팬에 잘 펴주면서 볶는다.
5. 소금으로 간을 하고, 참기름을 살짝 둘러 마무리한다.

호두

walnut

고소한 기름이 주르륵

9~11월

호두는 생긴 모양이 인간의 뇌를 닮았다고 해서 먹으면 머리가 좋아진다는 말이 있지요. 실제로 호두의 알파리놀렌산 성분은 뇌의 노화를 막고 기억력을 높이는 역할을 한다고 알려져 있어요. 게다가 양질의 기름도 듬뿍 머금고 있죠. 다만 호두는 쉽게 산패되기 때문에 햇호두를 구매해 껍질째 보관하는 것이 좋습니다.

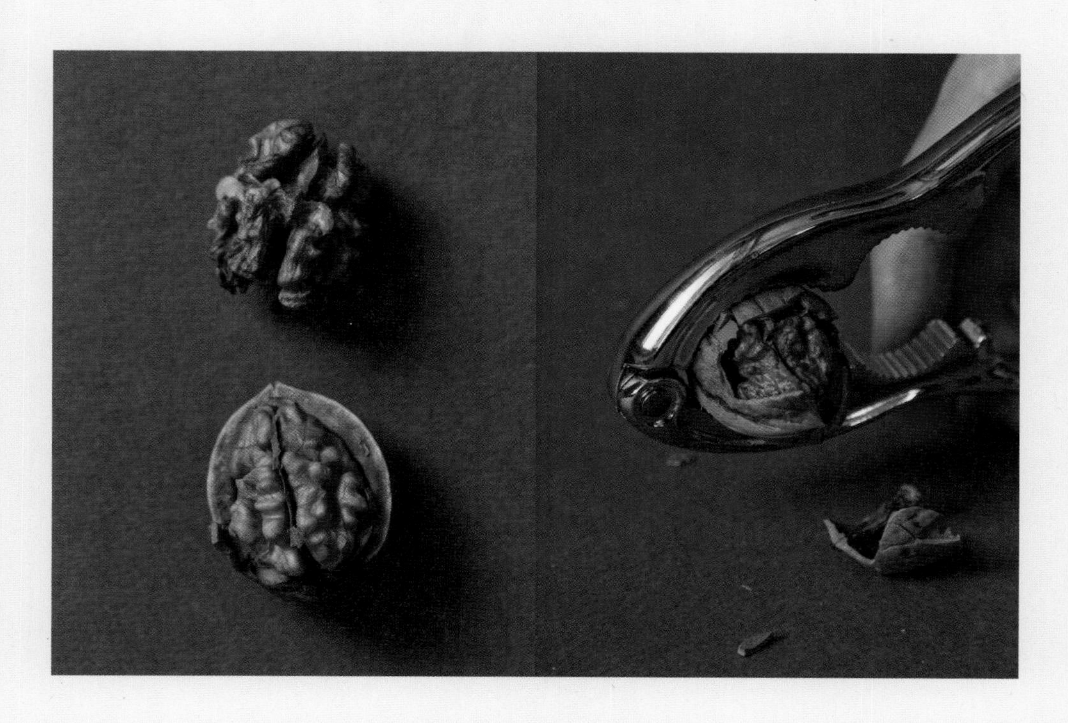

호두 크림 리소토

락토 오보

어떤 재료든 제철 땅의 기운을 머금을 때 특별하지만, 호두는 특히 남다릅니다. 겉으로는 다를 것 없어 보여도, 제철 호두는 입안에 톡 넣었을 때 기름이 꿀처럼 쏟아지거든요. 이런 호두를 약한 불에 볶은 뒤 크림을 넣는다면 고소한 풍미가 더욱 살아납니다. 고소하고 담백한 리소토는 특히 짭조름한 메인 요리와 곁들여 먹을 때 제 역할을 톡톡히 한답니다.

1인분

호두 70g
밥 1공기
양파 1/4개
올리브유 1큰술
생크림 300ml
소금 약간
후추 약간
이탈리안 파슬리 적당량

1 호두는 가니시용으로 몇 개 남겨두고, 믹서기에 곱게 갈아 준비한다.
2 양파는 사방 5mm 크기로 깍둑썰기하여 준비한다.
3 팬에 올리브유를 두르고 양파를 볶다가 색이 나기 시작하면 간 호두를 넣고 중불에 약 30초간 볶는다.
4 생크림을 붓는다.
5 보글보글 끓으면 밥을 넣고, 뭉치는 것 없이 잘 풀어지도록 저으면서 약 2분간 더 끓인다.
6 기호에 맞게 소금으로 간을 하고 후추를 뿌려 마무리한다.
7 그릇에 옮겨 담고 이탈리안 파슬리를 뿌려 낸다.

단감

이리저리 쓸모 많은

persimmon

9~11월

감은 바로 먹을 수 있는 단감과 홍시나 곶감으로 만들어 먹는
떫은 감으로 나뉘어요. 떫은 감은 '땡감'이라고도 불리는데 덜 익어서
떫은 게 아니라 원래 떫은맛이 나는 품종이랍니다. 수확한 뒤 인위적으로
떫은맛을 없애는 과정이 필요해요. 서늘하고 바람이 잘 통하는 곳에
두고 완전히 홍시가 될 때까지 오랫동안 기다려야 합니다.

남녀노소 모두가 좋아할

단감 라페

비건

당근이 아닌 단감으로도 라페*를 만들 수 있지 않을까? 호기심에 만들어본 레시피지만, 생각보다 훨씬 훌륭해서 소개해드립니다. 당근과 같은 식감은 유지하면서 풋내는 적고 단맛은 높아, 당근을 싫어하는 사람들도 거부감 없이 라페를 시도할 수 있게 해줄 거예요.

* 생당근을 얇게 썰어 올리브유와 식초에 절여 피클로 먹는 프랑스 요리. '라페(râper)'는 강판에 간다는 뜻이에요.

2인분

단감 2개

A

올리브유 2큰술
레몬즙 또는 식초 1큰술
홀그레인 머스타드 1/2큰술
후추 1꼬집

1 단감의 껍질을 깎고 약 5mm 두께로 길게 채 썬다.

2 볼에 A의 재료를 모두 넣고 잘 저어서 섞는다.

3 채 썬 단감을 2에 넣고 버무린다.

4 접시에 옮겨 담고 치즈나 빵 등과 함께 즐긴다.

배

가을철 황금 과일

Korean pear

9~11월

배는 예부터 약으로 쓰일 정도로 여러 효능이 있는 과일입니다.
고기를 양념에 재울 때 사용되기도 하고, 기침이나 천식 등
기관지 질환에 좋아서 갑자기 찬 바람이 부는 계절이면 꼭 필요한
과일이죠. 배는 저장성이 뛰어나 신문지로 하나하나 싸서 냉장고
깊숙한 곳에 넣어두면 두 달까지도 보관 가능해요.

감기에 특효약

배숙

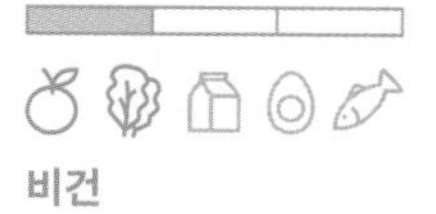

비건

갑자기 쌀쌀해진 날씨에 목이 따끔해질 때면, 어릴 적 먹던 배숙이 생각나요. 과일을 따뜻하게 먹는다는 게 이상하게 느껴질 수도 있지만 생강과 대추, 계피 향과 어우러져 특유의 매력이 있답니다. 감기에 좋은 것은 다 들어간 종합 선물 세트이자 유년 시절의 몽글몽글한 기억을 일깨워주는 특별한 메뉴예요.

1인분

배 1개
꿀 1큰술*
생강 약간
건대추 1개
계피 1/2조각

*
완전한 비건식을 원한다면 꿀 대신 올리고당을 사용해주세요.

1 생강은 껍질을 벗겨내고, 얇게 편으로 썬다.
2 건대추는 씨를 제거하고 돌돌 말아 모은 후 얇게 썰어 예쁜 모양을 만든다.
3 배의 윗면을 2cm 정도 자른다. 원형으로 칼집을 낸 후 숟가락으로 속을 파내고, 파낸 과육은 먹기 좋은 크기로 잘라 보관한다.
  * 배 가운데 부분은 단단해서 파낼 때 조심해야 해요. 배에 구멍이 나지 않도록 유의하세요.
4 속을 파낸 배 안에 잘라둔 과육과 꿀, 생강, 건대추, 계피를 넣는다.
5 내열 접시를 아래에 받치고 잘라낸 배의 뚜껑을 닫아 20분간 찜솥에 쪄서 완성한다.

겨울

WINTER

살을 에는 추운 날씨에도 기분 좋은 이유는 해산물의 맛이 오르는 계절이기 때문이 아닐까요! 온갖 해산물이 농익은 기름을 잔뜩 머금는 겨울, 해산물 마니아들에게는 1년 중 가장 행복한 계절이 아닐까 싶습니다. 굴이 살을 찌우고, 조개가 몸집을 키우며, 갓 건져 올린 매생이나 파래 같은 해조류도 싱싱하게 즐길 수 있는 때죠. 추위가 매서워질수록 감칠맛을 더하는 채소, 상큼한 시트러스류 과일을 즐기며 새로운 해를 맞이할 준비를 해보면 어떨까요?

입동立冬	추운 겨울에 접어들었습니다.
소설小雪	많은 양은 아니지만 눈이 내리는 날.
대설大雪	눈다운 큰 눈이 내렸습니다.
동지冬至	겨울의 절정. 낮이 가장 짧고 밤이 가장 긴 날.
소한小寒	작은 추위.
대한大寒	큰 추위.

매생이

시원한 맛이 일품

seaweed fulvescens

매생이는 오염되지 않은 청정 지역에서만 자라는 예민하고 귀한 해조류입니다. 전국 매생이 생산량의 80%가 전남 완도, 장흥 지역에 집중되어 있어요. 매생이는 보통 국으로 끓여 먹는데, 자칫하면 매생이가 녹아버리니 너무 오래 끓이면 안 돼요!

아름다운 초록빛 바다 향

매생이 오코노미야키

락토 오보

일본의 유명한 오코노미야키 가게에 가면 '마'를 갈아 넣는 경우가 많아요. 속은 부드럽고 겉은 바삭하게 만들어주는 일종의 셰프의 비법이죠. 마 대신 매생이를 넣어도 비슷한 역할을 한답니다. 매생이는 아름다운 초록빛과 바다 향까지 더해주니, 일석이조지요!

2인분

매생이 70g (씻기 전)
양배추 1/8통
식용유 1큰술
마요네즈 적당량
돈가스 소스 1큰술
가니시용 파래가루

A
부침가루 20g
물 30ml
들기름 1작은술
국간장 1작은술
달걀 1개

1 매생이를 물에 넣어 불순물을 건져내며 빠르게 씻는다.
  * 너무 오래 물에 두면 맛있는 바다 향이 날아가니 살짝만 헹구듯이 씻어주세요.
2 씻은 매생이는 체에 밭쳐 물기를 빼고, 두 손으로 꾸욱 짠다.
3 도마에 매생이를 올리고 아주 잘게 다진다.
4 양배추는 5mm 두께로 얇게 채 썬다.
5 큰 볼에 다진 매생이와 A의 재료를 모두 넣어 잘 섞는다.
6 매생이가 뭉쳐 있지 않도록 꼼꼼히 섞은 후에 양배추를 넣어 잘 버무린다.
7 예열한 팬에 식용유를 두르고 반죽을 둥글게 펴서 도톰하게 굽는다. 반죽의 테두리가 단단해지고 노릇노릇해지면, 반죽을 뒤집어서 굽는다.
8 접시에 옮겨 담아, 마요네즈와 돈가스 소스를 얹고 파래가루를 뿌려 마무리한다.

레몬

lemon

겨울엔 제주산

11~2월

레몬도 제철이 있냐고요? 1년 내내 나오는 레몬은 모두 수입산이에요. 배를 타고 지구 반대편으로 오는 여정을 위해 표면이 왁스 약품으로 코팅되어 있죠. 우리나라도 겨울이 되면 제주에서 레몬이 수확된답니다. 아무래도 껍질까지 쓰는 요리를 할 땐 제철 유기농 레몬을 사용하는 것이 마음 편해요.

상큼함과 부드러움의 만남

레몬 크림 파스타

락토 오보

레몬을 사용해 만든 파스타는 일본에서 처음 먹어보고 반해서 종종 해 먹는 메뉴입니다. 상큼한 레몬에 부드러운 크림이 더해져 많이 먹어도 느끼하지 않아요. 후추를 잔뜩 뿌려서 매콤하게 먹어보면 또 다른 매력이 있어요! 꼭 한번 시도해보세요.

2인분

레몬 1개
리가토니 120g
버터 10g
다진 마늘 1작은술
화이트 와인 50ml
생크림 200ml
그라나파다노 치즈 50g
소금 1/3작은술
후추 약간

1 리가토니를 끓는 물에 삶는다.
  * 바닷물의 염도 수준으로 소금을 넣고, 익히는 시간은 파스타 포장지 겉면을 참고해주세요. 면수는 버리지 말고 두세요.
2 레몬은 껍질을 씻어서, 절반은 슬라이스하고 절반은 즙을 내서 준비한다.
  * 즙 낸 레몬의 껍질은 버리지 않고 두었다가 갈아서 사용할 거예요.
3 그라나파다노 치즈는 갈아서 준비한다.
4 팬에 버터를 두르고 다진 마늘을 넣어 향을 낸다. 마늘 색이 노릇해지면, 슬라이스한 레몬을 넣어 같이 볶는다.
  * 레몬이 물렁물렁해질 때까지만 짧게 볶아주세요.
5 화이트 와인과 생크림을 넣고 끓인다. 갈아둔 그라나파다노 치즈의 절반을 넣는다.
6 익힌 파스타를 넣어, 크림이 잘 흡수될 수 있도록 잘 저어준다. 이때 준비해둔 레몬즙을 추가로 넣고 끓이면서 소금으로 간을 한다.
7 접시에 옮겨 담은 후, 나머지 치즈와 후추를 뿌리고, 그레이터로 레몬 껍질을 갈아 올려 마무리한다.

굴

oyster

바다의 우유

11~2월

굴은 어디서 양식하는지에 따라 맛이 확연히 달라요. 서해 굴은 바닷물이 드나들면서 수면 위로 노출되었다 잠겼다 하는 방식으로 양식해, 바닷물에 잠긴 상태로 기르는 남해 굴과 차이가 있어요. 서해 굴은 작지만 쫄깃하고 고소한 맛이 일품이고, 남해 굴은 굵고 담백한 맛이 특징입니다. 우리나라 굴 생산량의 80% 이상이 남해 굴이라 하니, 우리가 아는 일반적인 굴이 바로 남해 굴이랍니다.

STAUB

통통한 굴을 즐기는 새로운 방법

굴 알 아히요

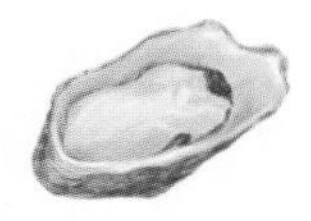

페스코

새우로 만드는 감바스 알 아히요의 '굴' 버전입니다. 개인적으로 새우보다 맛이 진한 굴로 만든 것을 더 선호합니다. 자연스레 배어 나오는 굴의 향이 듬뿍한 올리브유 덕분에 그릇에 남은 것 없이 싹싹 긁어 먹게 만든답니다.

2인분

굴 100g
올리브유 적당량
마늘 5쪽
페페론치노 3개
소금 약간
가니시용 레몬 슬라이스
가니시용 딜

1. 통통한 굴을 흐르는 물에 한 번 씻고, 소금물로 한 번 더 씻는다.
2. 세척한 굴은 키친타월에 톡톡 두드려 물기를 충분히 제거한다.
   * 물기를 충분히 제거하지 않으면 기름에 들어갈 때 위험할 수 있으니 조심하세요.
3. 마늘은 편으로 썰어 준비한다.
4. 준비한 굴이 모두 들어갈 만한 크기의 팬에 3분의 1 정도까지 올리브유를 붓는다.
   * 너무 큰 냄비를 사용하면 올리브유가 낭비되니 적당한 크기의 냄비를 준비해주세요.
5. 차가운 상태의 기름에 마늘을 넣고 약불에 끓인다.
6. 기름이 끓기 시작하면 페페론치노를 부숴 넣는다.
7. 마늘에 색이 나기 시작하면 굴을 넣는다.
8. 3~5분간 끓이며 굴을 익힌다.
9. 레몬 슬라이스와 딜을 올려 마무리한다.

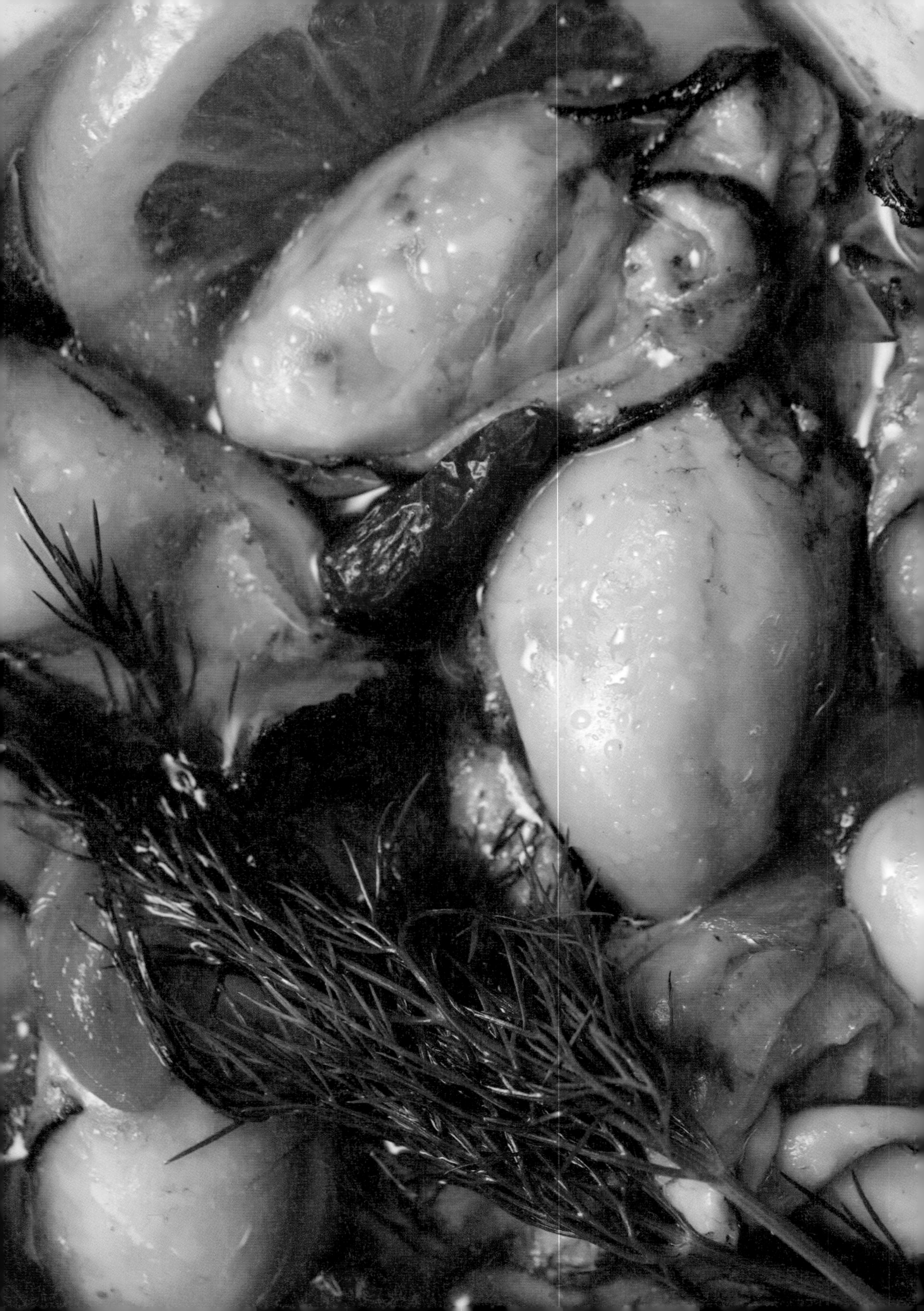

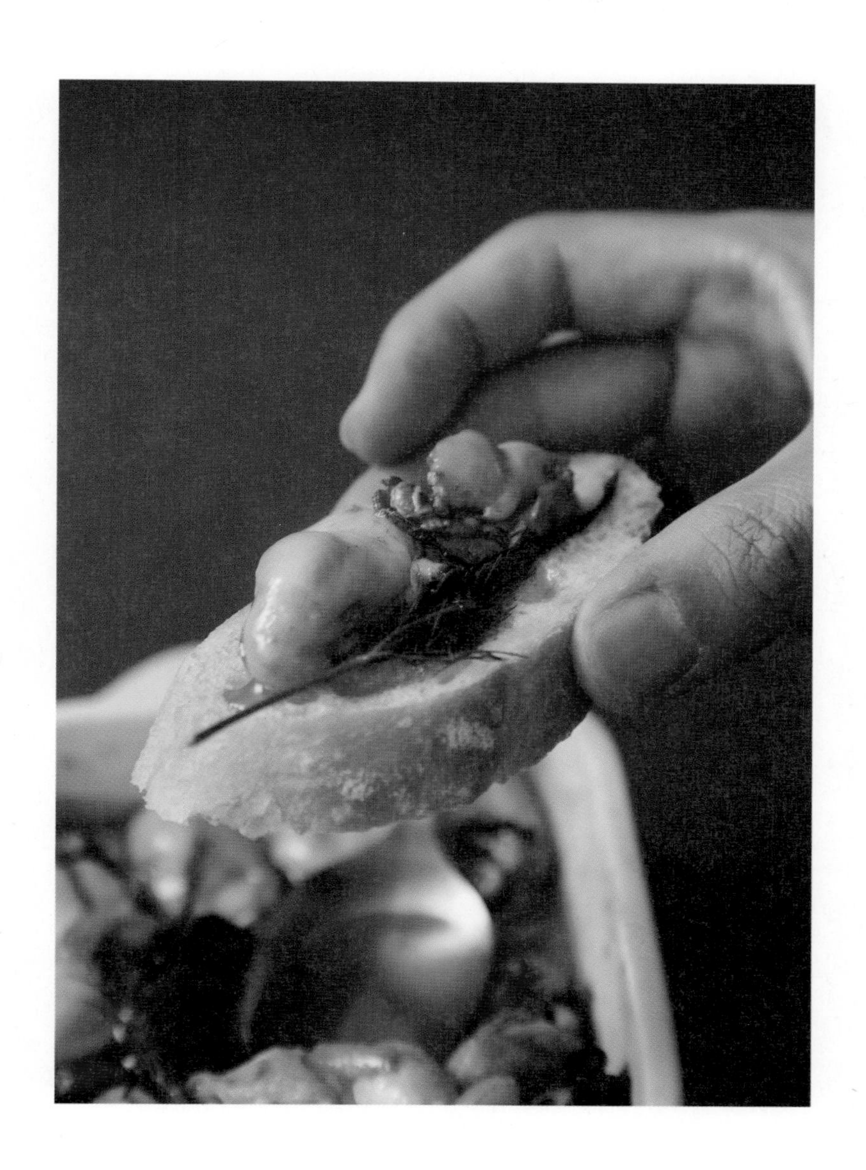

가리비

scallop

분홍빛 바다

11~12월

가리비를 비롯한 조개류는 대부분 겨울이 제철이에요. 봄과 여름에 있을 산란기를 준비하며 영양을 축적하고 살을 찌우는 시기이기 때문이죠. 우리가 보통 겨울에 맛있게 먹는 가리비는 붉은색을 띤 홍가리비입니다. 혹시 조리 후에도 껍질이 열리지 않는 가리비가 있다면, 먹지 마세요! 상한 가리비일 확률이 높습니다.

달콤한 감칠맛이 풍성하게

가리비 차우더

논비건

분홍빛이 아름다운 홍가리비를 베이컨, 감자와 함께 차우더로 끓여냈어요. 가리비를 껍데기째 조리하면 감칠맛이 더 풍부할 뿐 아니라 식탁 위에서도 훨씬 풍성해 보여요. 끓이는 시간은 15분이 채 안 되는데 어느새 깊은 바다 향이 우러나와, 겨울 식탁을 빠르게 따뜻이 데워주는 메뉴랍니다.

2인분

가리비 300g
감자 1개
양파 1/8개
마늘 2쪽
베이컨 1줄
버터 20g
화이트 와인 100ml
생크림 500ml
레몬즙 1큰술
후추 약간
가니시용 레몬 슬라이스

1 가리비는 흐르는 물에 잘 씻어서 준비한다.
2 감자는 껍질을 깎아, 사방 1cm 크기로 깍둑썰기하여 준비한다. 양파는 가로세로 5mm 크기로 썬다. 마늘은 편으로 썬다. 베이컨은 1cm 너비로 썬다.
3 팬에 버터를 올려 녹기 시작하면, 양파와 마늘을 넣어 중불에 볶는다.
4 양파와 마늘이 노릇노릇해지면 베이컨과 가리비를 넣고 볶다가, 화이트 와인을 넣어 잡내를 날린다.
5 화이트 와인의 알코올이 충분히 날아갔으면, 생크림을 넣는다.
6 약 2분간 끓이다가 가리비의 입이 활짝 열리면 가리비는 건져내 따로 두고, 썰어둔 감자를 넣고 충분히 익을 정도로 약 7분 동안 끓인다.
   * 가리비를 불 위에서 너무 오래 조리하면 질겨지니, 어느 정도 익었을 때 미리 꺼내 통통한 식감을 유지해주세요.
7 감자가 다 익었으면, 다시 가리비를 넣고 30초 정도 더 끓이며 레몬즙과 후추로 마무리한다.
8 접시에 옮겨 담고, 레몬 슬라이스를 얹어 낸다.

알배추

한 겹 한 겹 가득 찬 속

Korean cabbage

11~1월

알배추는 흔히 쌈을 싸 먹을 때 먹는 배추로, 알배기 배추라고 부르기도 해요. 일반 김장 배추보다 작고, 부드러운 식감이 특징입니다. 그래서 가볍게 바로 먹는 겉절이나 반찬을 만들 때 사용하면 좋아요.

LE CREUSET

몸이 오돌돌 떨리는 날엔

알배추 포토푀

논비건

몸이 오돌돌 떨릴 만큼 추운 날엔, 뭉근하게 끓이는 냄비요리가 제격입니다. 포토푀는 프랑스에서 즐겨 먹는 가정식인데요, 고기나 소시지 등과 채소를 함께 넣고 푸욱 끓인 수프를 말합니다. 별다른 조미료 없이 고기와 채소 본연의 맛으로도 풍부한 향미가 참 놀라운 요리죠. 보통 양배추를 쓰지만, 겨울엔 단맛이 좋은 알배추를 사용해서 조리 시간을 단축시킬 수 있답니다.

4인분

알배추 1/2개
당근 1/2개
감자 1개
셀러리 1대
소시지 2~3개
양파 1/2개
물 적당량
소금 1/2작은술
후추 약간

*
채소의 양은 23cm 냄비를 기준으로 했으며, 냄비 크기에 따라 조절하면 됩니다.

*
알배추 외 다른 채소들은 냉장고 사정에 따라 가감해도 좋아요.

1. 모든 재료를 잘 씻어, 껍질을 깎고 먹기 좋은 크기로 잘라서 준비한다.
2. 넉넉한 냄비에 재료들을 담는다.
   * 알배추는 빠르게 익고 조직이 물러지기 때문에 아래에 당근이나 감자를 깔아두는 것이 좋아요.
3. 냄비에 들어 있는 재료의 절반 정도까지 차도록 물을 붓고, 소금을 넣은 후 끓인다.
4. 물이 끓으면 뚜껑을 닫고 약 20분간 더 끓인다.
5. 감자와 당근이 다 익었는지 확인하고, 다 익었으면 후추를 뿌려서 완성한다.

대파

시원한 단맛

scallions

11~3월

대파는 하얀 부분과 초록 부분을 나눠 달리 사용하는 게 좋습니다.
하얀 부분은 부드러운 향이 좋고 수분이 많아 국에 넣을 때
적절하고, 초록 부분은 단맛과 감칠맛이 살아 있어 부침이나
무침요리에 좋아요. 뿌리도 버리지 않고 두었다가 육수를 낼 때
꺼내서 흙을 잘 털어내 함께 끓이면 깊은 맛이 난답니다.

단출한 재료, 화려한 맛

대파 그라탱

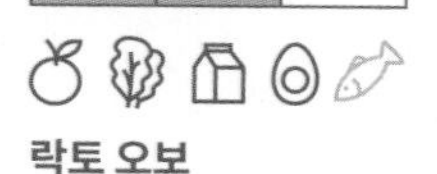

락토 오보

매일 먹는 대파에도 제철이 있어요. 단단한 대파를 오븐에 구우면 겉은 바삭하고 속은 부드럽게 익어 달콤해요. 달콤한 대파와 고소한 치즈만으로 훌륭한 요리가 될 수 있다니! 이 메뉴의 주인공은 대파! 대파는 잘게 자르지 않고 큼직하게 썰어주세요.

2인분

대파 1단 (하얀 부분)
버터 10g
올리브유 1큰술
소금 1/2작은술
후추 1꼬집
모차렐라 치즈 5큰술
그라나파다노 치즈 2큰술

1. 대파의 하얀 부분을 오븐 용기 크기에 맞춰서 자른다.
2. 달군 프라이팬에 올리브유, 버터를 두르고 파를 올려 중불에 천천히 구우며 소금과 후추를 뿌린다.
   * 오븐에 한 번 더 구울 예정이므로 겉만 노릇하게 구워도 충분해요.
3. 대파 겉면이 노릇노릇해졌으면 팬에서 꺼낸 후, 오븐 용기에 옮겨 담는다.
4. 대파 위에 모차렐라 치즈를 뿌리고, 그 위를 그라나파다노 치즈로 덮는다.
5. 180도로 예열한 오븐에 20분 정도 굽는다. 치즈가 적당히 녹아 노릇노릇해지면 오븐에서 꺼내서 즐긴다.

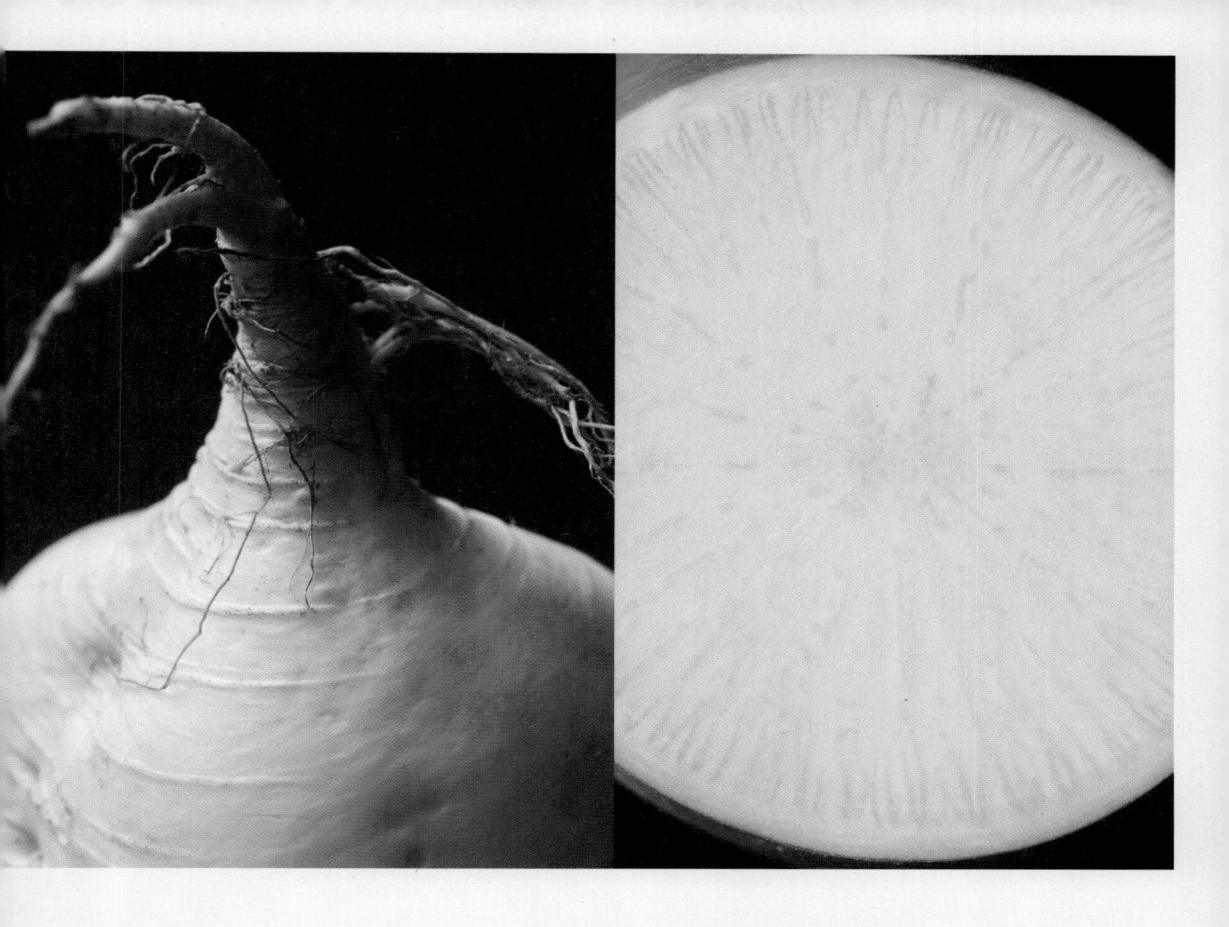

무

radish

달큰하고 아삭한 맛

10~12월

무청이 붙어 있는 부분은 초록색, 뿌리 아래로 갈수록 흰색인 무. 각 부위별로 맛과 식감 모두 다르기 때문에 요리에 따라 구분해서 사용하는 게 좋아요. 초록색 윗부분은 단맛이 강해 생채로 먹으면 좋고, 흰색 아랫부분은 매운맛이 강하고 단단해서 익히는 요리에 활용하면 좋습니다.

철 만나 달콤한

제철 무 생선 조림

페스코

찬 바람이 불어야만 겨울을 느낄 수 있는 게 아니랍니다. 무가 달콤해지면 비로소 겨울이 왔음을 느낄 수 있어요. 겨울을 맞아 다디단 무와 제철 생선을 함께 졸여봅시다. 생선 조림은 여러 가지 조리법이 있겠지만, 여기에서는 재료 본연의 맛을 최대로 발휘하는 레시피를 제안합니다.

1인분

삼치 필렛 2개*
무 10cm
밀가루 1큰술
식용유 적당량
생강즙 1작은술

*
대구 등 흰살 생선으로 대체 가능해요.

A
물 300ml
다시마 3X3cm 1장
미림 3큰술
국간장 2큰술
미소된장 1작은술

1. 삼치는 잘 씻은 후 키친타월로 두드려 물기를 완전히 제거하고, 먹기 좋은 크기로 자른 후 밀가루를 살짝 뿌려둔다.
2. 무는 두께 1cm의 반달 모양으로 자른다.
3. 예열한 프라이팬에 식용유 1큰술을 두른 후, 삼치를 껍질 부분부터 구워 양면이 약간 노릇해지면 잠시 접시에 옮겨둔다.
4. 삼치를 굽던 팬에 중불로 무를 굽는다. 양면이 약간 노릇해지면 냄비에 A의 모든 재료를 넣고 20분 정도 졸이며 무에 젓가락이 푹 들어갈 때까지 익힌다.
5. 무가 다 익었으면 3의 삼치를 다시 넣고 생강즙을 더해 약 5분 더 졸인다.
6. 접시에 옮겨 낸다.

시금치

spinach

겨울에 다디단 완전 영양 식품

시금치에도 여러 종류가 있어요. 크게 일반 시금치, 포항초, 섬초 등이 있는데, 바로 재배 지역에 따라 이름이 정해진 것입니다. 포항에서 재배되는 건 포항초, 전남 비금도에서 자라면 섬초, 일반 중부 지방에서 자라면 시금치입니다. 모양도 맛도 조금씩 다르지만 겨울철엔 모두 단맛이 일품입니다.

색도 맛도 고운

시금치 카레

락토 오보

시금치로 카레를 만든다고? 의아할지 모르겠지만 외국에서는 흔히 즐겨 먹는 레시피랍니다. 단맛이 가득 오른 시금치와 요거트의 조합, 새콤달콤한 맛에 은은한 카레 향이 더해져 자꾸자꾸 손이 가요. 금세 밥 한 그릇을 뚝딱 비우게 될 거예요.

2인분

시금치 1/2단 (약 150g)
양파 1개
견과류 60g
다진 마늘 1큰술
올리브유 1큰술
카레 가루 2큰술*
물 150ml
무가당 플레인 요거트 150g
소금 1작은술

*
카레 가루는 시판 분말 카레 또는 고형 카레 등 상황에 맞는 것으로 사용해도 무방해요. 강한 맛을 원한다면 커리 파우더, 큐민 가루를 추가하세요.

1. 시금치는 잘 씻어 꼭지 부분을 제거한다. 약 5cm 길이로 숭덩숭덩 잘라서 준비한다.
2. 양파는 껍질을 벗기고 채 썬다.
3. 팬을 예열하고 올리브유를 두른 후 양파가 투명해질 때까지 볶다가 견과류와 다진 마늘을 넣고 함께 볶는다. 양파가 갈색이 되면 카레 가루를 넣고 약 1분간 더 볶는다.
4. 팬에 분량의 물을 넣고 끓으면, 준비해둔 시금치를 넣고 뚜껑을 닫아 약불에 약 1분간 두어 시금치의 숨이 죽게 한다.
5. 블렌더에 준비한 4를 넣어 곱게 갈아준다.
6. 5를 다시 팬에 옮겨 플레인 요거트를 붓고 약 2분간 더 끓인다. 소금으로 간을 한다.
7. 밥 또는 식사빵과 곁들여 먹는다.

우엉

곧은 대지의 힘

burdock

12~3월

두꺼운 우엉이 좋지 않을까 생각하겠지만, 지름은 2cm 정도가 적당해요. 굵은 것은 심이 있어 질길 수 있답니다. 맛도 영양도 껍질에 많으니 우엉은 꼭 껍질째 사용하세요. 굵은 소금으로 살살 문지르면 떫은맛을 쉽게 제거할 수 있어요.

STAUB

향긋하고 구수한

우엉 솥밥

비건

우엉처럼 향이 강한 뿌리채소는 다른 부재료 없이 그 자체만으로 훌륭한 주인공 역할을 톡톡히 합니다. 땅속으로 곧게 뻗은 우엉을 볼 때면 어떻게 이렇게 자랐을까 신기하기만 해요. 특히 껍질에 구수한 맛이 많으니 꼭 껍질까지 볶아서 드셔보세요.

2인분

쌀 2컵
물 400ml
우엉 80g
다시마 10X10cm 1장
참기름 2큰술

A
진간장 1작은술
소금 1/2작은술
청주 1큰술
미림 1큰술

1 쌀은 30분 이상 불린 후 체에 밭쳐 물기를 제거한다.
2 우엉은 솔로 잘 문질러 흙을 제거하고, 필러로 얇게 깎아서 준비한다.
3 밥을 할 솥에 참기름을 1큰술 두른 후, 우엉이 충분히 숨이 죽을 때까지 약불로 볶는다.
4 A의 재료를 모두 넣고 살짝 더 볶은 후에 꺼내서 따로 보관해둔다.
5 우엉을 볶은 솥에 바로 쌀, 물, 다시마를 넣는다. 위에 따로 보관해둔 우엉을 올린다. 중불에서 물이 끓기 시작하면 뚜껑을 닫고 15분간 약불로 더 끓인다.
6 불을 끄고 10분간 더 뜸 들인다.
7 참기름을 1큰술 더 넣고 잘 섞어서 마무리한다.
* 간을 보고 부족하면 진간장 또는 소금을 더 넣어주세요.

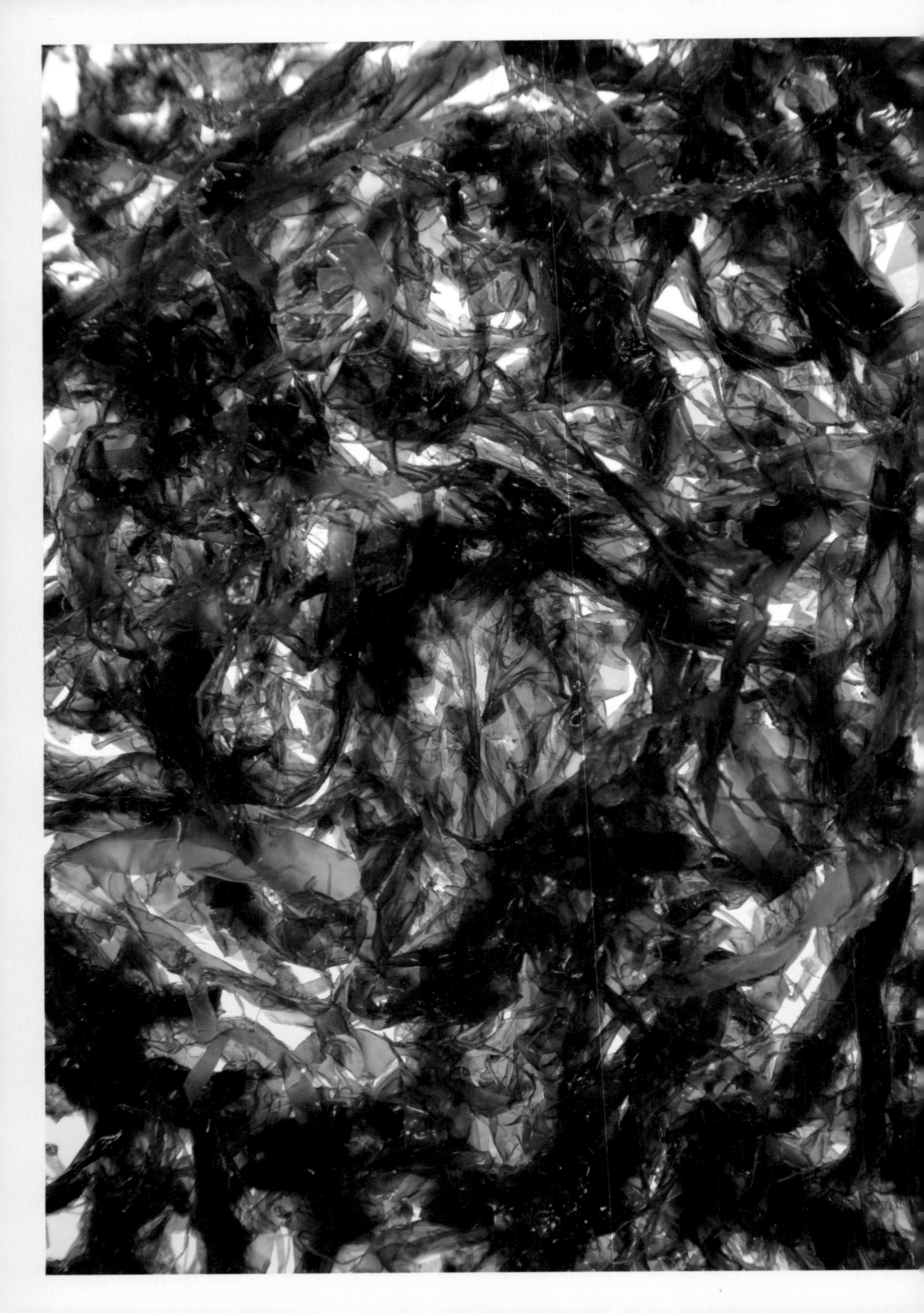

파래

바다 향 물씬

seaweed

10~12월

일본에서도 파래를 많이 먹는데, 오코노미야키나 타코야키 위에
뿌리는 푸른 가루가 파래가루랍니다. 파슬리가 아니에요!
전병에 콕콕 박혀 있는 푸른 가루도 마찬가지고요. 파래는 다른 말로
'청태'라고도 합니다. 옛날에는 '해태'라고 불렀다고 해요.

새로운 매력 발산

파래 파스타

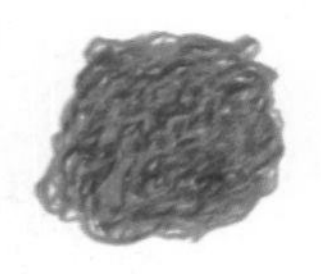

비건

파래는 보통 김처럼 얇게 건조해서 먹는 방법으로 익숙하지만, 겨울엔 생파래를 접할 수 있어요. 생파래를 볶아 파스타로 즐겨보세요. 바다 내음이 가득하고 꼬독꼬독하게 씹히는 식감이 재미있답니다. 어릴 적 급식에서 먹던 파래무침 반찬 맛은 잊어버리고 새로운 매력에 빠지게 될 거예요.

2인분

파래 100g
카펠리니 100g*
올리브유 적당량
다진 마늘 1큰술
페퍼론치노 3개
화이트 와인 50ml
소금 약간
후추 약간

*
스파게티보다 더 얇은 면을 카펠리니라고 해요. 구하기 어렵다면 스파게티도 좋아요.

1 카펠리니를 끓는 물에 삶는다.
  * 바닷물의 염도 수준으로 소금을 넣고, 익히는 시간은 파스타 포장지 겉면을 참고해주세요. 면수는 버리지 말고 두세요.
2 파래를 물에 넣어 불순물을 건져내며 씻고 체에 밭쳐 물기를 뺀 뒤, 두 손으로 꾸욱 짠다.
3 도마에 파래를 올리고 큼직큼직하게 다진다.
4 팬에 올리브유를 1큰술 두르고, 다진 마늘을 볶아 향을 내다가 페퍼론치노를 부숴 넣어 같이 볶는다.
5 마늘이 노릇노릇해지면 다진 파래를 넣어 수분을 날리는 느낌으로 볶는다.
6 화이트 와인을 넣어 잡내를 제거하고, 알코올이 다 날아가면 면수를 약 100ml 넣고 함께 끓인다.
7 삶아둔 카펠리니를 넣고 함께 볶는다. 올리브유와 면수를 조금씩 추가하면서 볶는다.
8 소금으로 간을 하고, 접시에 옮겨 담아 후추와 올리브유를 약간 뿌려 낸다.

유자

yuja

겨울에만 만나요

11~12월

유자는 세계적으로 한국과 중국, 일본에서만 재배되는 과일이에요.
우리나라에서는 차로 마시는 게 가장 일반적이지만, 일본에선
유자를 '유즈코쇼'라는 이름의 향신료로 사용하기도, 폰즈 소스로
사용하기도 해요.

기분 좋은 겨울 향

유자 당절임

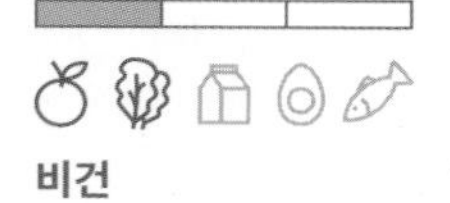

비건

유자는 대표적으로 껍질을 먹는 과일입니다. 영양분도 껍질에 많다고 해요. 유자는 청으로 담가 물에 타서 마시는 게 가장 익숙하죠. 하지만 유자의 껍질만 졸여 만든 당절임의 꼬독꼬독 씹어 먹는 맛도 일품이랍니다. 유자 향이 입속에서 호화롭게 머물다 갈 거예요.

유자 2개
소금 1/3작은술
물 100ml
설탕 100g (시럽용)
설탕 적당량

1. 유자는 세로로 4등분하고 껍질과 알맹이를 분리한다. 유자 껍질은 한 번 더 가로로 잘라 세모 형태로 만든다.
2. 껍질의 흰 부분을 절반 정도만 남긴다는 생각으로 칼로 깔끔하게 정리한다.
3. 끓는 물에 소금, 유자 껍질을 넣고 4분 동안 끓인 후 건져낸다.
4. 냄비에 설탕과 물을 동량으로 넣고 끓여 설탕 시럽을 만든다.
5. 3의 유자 껍질을 설탕 시럽 냄비에 넣고 뚜껑을 덮어서 중불에 5분 동안 졸인다.
6. 표면을 만졌을 때 끈적이지 않을 정도가 되도록 반나절가량 실온에 두고 말린다.
7. 설탕을 절구에 빻거나 믹서기에 갈아서 입자를 곱게 만든 후, 표면에 고루 묻혀 완성한다.

당근

가을과 겨울 사이

carrot

9~12월

당근은 의외로 칼로리가 높은 채소예요! 당근 한 개당 약 100kcal거든요. 그리고 혈당지수(GI)도 높아 다이어터 사이에선 조심해야 할 채소로 꼽힌답니다. 하지만 당근으로만 모든 식사를 대체하는 경우가 아니라면 크게 위험한 정도는 아니니, 너무 겁먹지 않아도 괜찮아요!

귀여운 모양마저 취향 저격

당근 구이와 요거트 소스

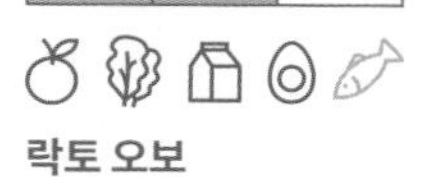

락토 오보

당근도 충분히 맛있을 수 있어요. 약불에 오랫동안 구운 당근은 특유의 단맛이 우러나와 여느 채소 부럽지 않아요. 거기에 새콤한 요거트 소스를 곁들이면 힙한 와인바에 온 듯한 비주얼 완성!

베이비 당근 약 10개
올리브유 적당량
커리 파우더 1/3큰술*
소금 1꼬집
후추 1꼬집
레몬 껍질 1/2개 분량
그라나파다노 치즈 적당량

*
커리 파우더가 없으면 파프리카 파우더 혹은 집에 있는 향신료 종류 또는 소금과 후추만으로도 대체 가능해요.

요거트 소스

무가당 그릭요거트 80g
레몬즙 2큰술
딜 1줄기 다진 것
소금 1작은술
후추 약간

1 베이비 당근은 잘 씻어서 껍질째 준비한다.
  * 일반 당근일 경우 엄지손가락 정도 크기로 작게 잘라서 준비해주세요.
2 예열한 팬에 올리브유를 넉넉히 두르고 약불에 베이비 당근을 5~7분 정도 튀기듯이 천천히 익힌다.
3 볼에 잘 익은 베이비 당근을 넣고 커리 파우더, 소금, 후추와 함께 버무려 양념한다.
4 요거트 소스 재료를 모두 섞은 후 접시에 깔고, 위에 당근을 얹어서 플레이팅한다.
5 올리브유를 살짝 두르고 레몬 껍질과 그라나파다노 치즈를 갈아서 뿌려 낸다.

78F
SK magic

계절을
저장하는
방법

찰나의 계절이 지나가면,
지천에 널려 있던 재료들도 어느새
더 이상 찾아보기 힘들죠.
지나고 나면 그리운 맛을 붙잡기 위해,
오랫동안 계절을 즐길 수 있는
저장식을 소개합니다.

병 소독법

모든 저장식의 시작은 '병 소독하기'입니다.
한 번만 익혀두면 두고두고 쓸 수 있는 기술이에요.

1

소독할 병이 모두 들어갈 만한
넉넉한 크기의 냄비를 준비한다.

2

병의 주둥이가 아래로 가도록
넣은 후, 냄비의 절반 정도까지
찬물을 채워 가열한다.

3

물이 끓기 시작하고 병 속에
수증기가 맺히면 5분 정도
더 끓여 소독한다.

4

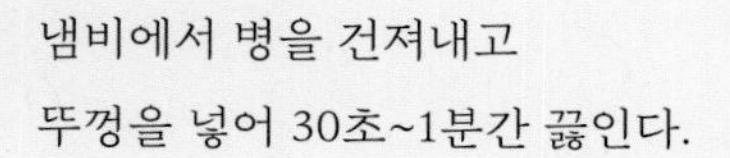

냄비에서 병을 건져내고
뚜껑을 넣어 30초~1분간 끓인다.

5

병은 체망에 주둥이가 아래로 가도록
두어 물기를 충분히 떨어뜨려주고,
다시 뒤집어서 병 안에 맺힌 수증기가
모두 사라질 때까지 말린다. 끝까지
고여 있는 물방울은 깨끗한 천으로
닦아낸다.

잼

봄

구운 딸기 잼

340ml 병 기준

딸기 300g
설탕 200g
레몬즙 1큰술

1. 딸기를 흐르는 물에 잘 씻고 절반으로 자른 후 160도로 예열한 오븐에서 약 20분간 굽는다.
   * 딸기가 타지 않는지 잘 확인해주세요.
2. 냄비에 구운 딸기와 설탕을 넣고 중불에서 끓인다. 보글보글 끓으면 레몬즙을 넣고, 약불에서 타지 않게 적당한 농도가 될 때까지 끓인다.
   * 끓이던 잼을 조금 덜어 물에 떨어뜨렸을 때, 퍼지지 않고 뭉치면 적당한 농도가 된 것이에요.
3. 소독한 병에 담아서 보관한다. 바로 먹을 수 있으며, 6개월까지 냉장 보관 가능하다.

여름

타이티 살구 잼

600ml 병 기준

살구 400g
설탕 300g
타이티 티백 1개*

*
타이티는 태국의 차를 의미해요. 없다면 홍차류로 대체 가능해요.

1. 살구는 껍질째 잘 씻어 씨를 제거해 준비한다.
2. 살구를 믹서기에 곱게 간다.
3. 곱게 간 살구와 설탕을 냄비에 넣고 중불에서 끓인다. 보글보글 끓으면 약불로 줄이고 적당한 농도가 될 때까지 끓인다.

   * 끓이던 잼을 조금 덜어 물에 떨어뜨렸을 때, 퍼지지 않고 뭉치면 적당한 농도가 된 것이에요.
4. 잼이 식기 전에 타이티 티백을 뜯어 잎을 넣어 함께 섞는다.
5. 소독한 병에 담아서 보관한다. 바로 먹을 수 있으며, 6개월까지 냉장 보관 가능하다.

가을

단호박 잼

400ml 병 기준

단호박 600g (1개)
설탕 100g
생크림 100ml

1 단호박을 전자레인지에 5분간 데워 살짝 말랑말랑해지면 칼로 껍질을 모두 깎는다. 그리고 반으로 잘라 씨를 모두 제거한다.
2 약 5cm 두께로 썰고 내열 용기에 담아 약 5분 더 전자레인지에 조리해 익힌다.
3 손으로 눌렀을 때 완전히 으스러질 정도로 익었으면, 냄비에 담아 설탕과 생크림을 넣고 같이 끓인다.
4 핸드 블렌더로 곱게 간다.
   * 끓이던 잼을 조금 덜어 물에 떨어뜨렸을 때, 퍼지지 않고 뭉치면 적당한 농도가 된 것이에요.
5 소독한 병에 담아서 보관한다. 바로 먹을 수 있으며, 2주 미만 냉장 보관 가능하다.

겨울

귤 마멀레이드

400ml 병 기준

귤 200g (약 5개)
귤 껍질 3개 분량
설탕 160g
*
귤의 당도에 따라서
설탕을 가감해주세요.

1 귤에 열십자로 칼집을 내어, 껍질을 깐다.
 * 귤 껍질도 사용하기 때문에, 손으로 까는 것보다 일정한 모양으로 까주어야 나중에 썰 때 편해요.
2 알맹이만 모아 믹서기로 완전히 간다.
3 냄비에 2를 넣고 귤 양의 80%만큼 설탕을 추가해 함께 끓인다.
4 껍질은 얇게 3mm 너비로 썰어두었다가, 설탕이 어느 정도 녹기 시작하면 냄비에 넣는다.
5 적당한 농도가 될 때까지 계속 끓인다.
 * 끓이던 잼을 조금 덜어 물에 떨어뜨렸을 때, 퍼지지 않고 뭉치면 적당한 농도가 된 것이에요.
 * 보통의 잼보다 농도가 적당해지기까지 시간이 걸리는 편이에요.
6 소독한 병에 담아서 보관한다. 바로 먹을 수 있으며, 6개월까지 냉장 보관 가능하다.

봄

금귤주

1L 용기 기준

금귤 300g
설탕 150g
화이트 리큐르 500ml

*
화이트 리큐르는 30도 이상 담금용 소주 (일반 소주 불가), 40도 이상 럼, 진, 보드카 등 무색무취의 증류주를 사용하세요.

1 금귤은 꼭지를 따고 흐르는 물에 깨끗이 씻은 후, 완전 건조시킨다.
2 소독한 병에 금귤과 설탕을 담고 화이트 리큐르를 채운다.
3 직사광선을 피하고 서늘한 곳에서 3개월 이상 숙성한다.
4 얼음에 조금씩 부어 온더록스로 즐기거나 토닉워터에 타 마신다.

여름

청귤주

1L 용기 기준

청귤 300g
설탕 100g
화이트 리큐르 500ml

*
화이트 리큐르는 30도 이상 담금용 소주(일반 소주 불가), 40도 이상 럼, 진, 보드카 등 무색무취의 증류주를 사용하세요.

1 청귤은 껍질을 깎아 준비한다.
2 껍질도 사용하므로 껍질에 붙은 하얀 부분을 최대한 제거한다.
3 소독한 병에 설탕, 청귤 알맹이, 껍질을 넣고 화이트 리큐르를 채운다.
4 1주일 후 넣었던 껍질의 절반을 제거한다.
  * 껍질의 쓴맛을 줄이기 위해서예요.
5 직사광선을 피하고 서늘한 곳에서 3개월 이상 숙성한다.
6 얼음에 조금씩 부어 온더록스로 즐기거나 토닉워터에 타 마신다.

가을

무화과주

1L 용기 기준

무화과 300g
레몬 슬라이스 1개
화이트 리큐르 500ml

*
화이트 리큐르는 30도 이상 담금용 소주(일반 소주 불가), 40도 이상 럼, 진, 보드카 등 무색무취의 증류주를 사용하세요.

1. 무화과는 꼭지 부분을 위로 하여 흐르는 물에 살짝만 씻은 후, 키친타월로 물기를 잘 제거한다.
2. 소독한 병에 무화과를 반으로 잘라서 넣고, 레몬 슬라이스를 넣은 후 화이트 리큐르를 채운다.
3. 직사광선을 피하고 서늘한 곳에서 3개월 이상 숙성한다.
4. 얼음에 조금씩 부어 온더록스로 즐기거나 토닉워터에 타 마신다.

겨울

리몬첼로

1L 용기 기준

레몬 4개
보드카 500ml
설탕 100g
물 100ml

*
레몬은 껍질을 사용하므로 제철 무농약 국산 레몬을 사용하는 것이 좋아요.

1 레몬은 깨끗하게 잘 씻은 후 껍질을 깎는다.
 * 껍질 안쪽 하얀 부분이 없이, 노란 부분만 깎아주세요.
2 소독한 병에 껍질을 담고, 보드카를 붓는다.
3 직사광선을 피해 서늘한 곳에서 숙성하다가 1주일 후 껍질을 제거한다.
4 냄비에 설탕과 물을 끓여 설탕 시럽을 만든다. 충분히 식힌 후, 3에 붓는다.
5 1주일 이상 냉장고에서 숙성한다.
6 얼음에 조금씩 부어 온더록스로 즐기거나 토닉워터에 타 마신다.

피클

봄

생고사리 피클

1L 병 기준

생고사리 300g
양조식초 200ml
물 400ml
설탕 200g
레몬 슬라이스 2개
건고추 5개
월계수 잎 2장

1. 고사리는 삶아서 준비하고, 먹기 좋은 크기로 자른다.
   * 생고사리 삶는 법은 56쪽을 참고해주세요.
2. 냄비에 고사리를 제외한 재료를 모두 넣고 설탕이 녹을 정도로 끓인다.
3. 소독한 병에 고사리를 담고, 따뜻한 상태의 피클 용액을 붓는다.
4. 1주일 이상 냉장고에서 숙성한다.

여름

수박 피클

1L 병 기준

수박 1/4통
사과식초 또는 양조식초 200ml
물 400ml
설탕 200g
레몬 슬라이스 2개
통후추 10알

1. 냄비에 수박을 제외한 분량의 재료들을 모두 넣고 설탕이 녹을 정도로 끓인다.
2. 수박의 흰 과육이 드러나도록 푸른 껍질은 필러로 벗겨내고 붉은 과육 부분은 조금만 남겨, 먹기 좋은 크기로 자른다.
3. 소독한 병에 수박을 담고, 따뜻한 상태의 피클 용액을 붓는다.
4. 1주일 이상 냉장고에서 숙성한다.

가을

샤인머스캣 피클

1L병 기준

샤인머스캣 500g
화이트 와인 식초 200ml
물 300ml
설탕 250g
생강 손가락 한 마디 크기

1. 냄비에 샤인머스캣과 생강을 제외한 재료를 모두 넣고 설탕이 녹을 정도로 끓인다.
2. 샤인머스캣은 흐르는 물에 잘 씻고 물기를 제거한다.
3. 생강은 껍질을 제거하고, 얇게 슬라이스하여 준비한다.
4. 소독한 병에 샤인머스캣과 생강을 담고, 따뜻한 상태의 피클 용액을 붓는다.
5. 1주일 이상 냉장고에서 숙성한다.

겨울

유자 무 피클

1L 병 기준

유자 껍질 2개 분량
무 400g
양조식초 200ml
물 400ml
설탕 200g
소금 1큰술

1 유자 껍질은 흰 부분을 제거한 후 얇게 썰어서 준비한다.
2 무는 껍질을 깎고 최대한 얇게 썬다.
* 슬라이서가 있다면 활용해도 좋아요.
3 냄비에 유자와 무를 제외한 재료를 모두 넣고 설탕이 녹을 정도로 끓인다.
4 소독한 병에 무와 유자 껍질 슬라이스를 담고, 따뜻한 상태의 피클 용액을 붓는다.
5 3일 이상 냉장고에서 숙성한다.

오늘 이 계절을 사랑해!

'후암동삼층집'이 제안하는 지금 꼭 먹어야 하는 제철 요리

초판 1쇄 펴냄 2023년 3월 15일
초판 2쇄 펴냄 2023년 4월 15일

지은이 진민섭

편집 김지향 황유라 정예슬
교정교열 안강휘
디자인 위앤드
미술 김낙훈 한나은 김혜수 이미화
마케팅 정대용 허진호 김채훈 홍수현 이지원 이지혜 이호정
홍보 이시윤 윤영우
저작권 남유선 김다정 송지영
제작 임지헌 김한수 임수아
관리 박경희 김도희 김지현

사진 스튜디오 세탁선
표지 일러스트 느효
재료 일러스트 민조이
비건 감수 류현정
그릇 협찬 미노항 코리아

펴낸이 박상준
펴낸곳 세미콜론
출판등록 1997. 3. 24. (제16-1444호)
06027 서울특별시 강남구 도산대로1길 62
대표전화 515-2000
팩시밀리 515-2007
편집부 517-4263
팩시밀리 515-2329

ISBN 979-11-92908-41-0 13590

세미콜론은 민음사 출판그룹의
만화·예술·라이프스타일 브랜드입니다.
www.semicolon.co.kr

트위터 semicolon_books
인스타그램 semicolon.books
페이스북 SemicolonBooks
유튜브 세미콜론TV